"十四五"精品课程规划教材

制药工程实验

ZHIYAO GONGCHENG SHIYAN

主编　李彩文

天津大学出版社
TIANJIN UNIVERSITY PRESS

内容提要

制药工程实验是制药工程专业教学实践的重要环节,旨在通过专业实验训练,培养学生的基本实验技能和解决实际问题的能力,力求使学生掌握制药基础知识、基本实验操作技术,具备独立实验能力。本书内容包括实验室基本规则和要求、实验室安全、实验室常用仪器、制药工程常用技术、药物制剂实验、药物合成实验、药物分析实验、天然药物提取和分离实验、创新开发实验。

本书可作为高等院校制药工程、药学等相关专业的实验课教材,也可供相关专业人员参考。

图书在版编目(CIP)数据

制药工程实验 / 李彩文主编. —天津:天津大学
出版社,2021.8
"十四五"精品课程规划教材
ISBN 978-7-5618-7020-4

Ⅰ. ①制… Ⅱ. ①李… Ⅲ. ①制药工业—化学工程—
实验—高等学校—教材 Ⅳ. ①TQ46-33

中国版本图书馆CIP数据核字(2021)第168318号

出版发行	天津大学出版社	
地　址	天津市卫津路92号天津大学内(邮编:300072)	
电　话	发行部:022-27403647	
网　址	www.tjupress.com.cn	
印　刷	北京盛通商印快线网络科技有限公司	
经　销	全国各地新华书店	
开　本	185mm×260mm	
印　张	13.5	
字　数	337千	
版　次	2021年8月第1版	
印　次	2021年8月第1次	
定　价	42.00元	

本书编写人员

主　编：李彩文

副主编：陈宝泉

编　委：刘玉明　　刘旭光　　陈嘉媚　　王红颖

　　　　史艳萍　　戴霞林　　张有来　　王　亮

前　言

　　制药工程是工程学、药学、化学和相关管理法规相互渗透而形成的新兴交叉学科,不仅涉及广博的专业知识,而且需要丰富的工程实践经验。制药工程专业的学生要掌握制药技术及其产业化的科学原理、工艺技术过程的基础理论和工程设计的基本技能,在医药、化工等领域从事医药产品的生产、开发、应用和管理等工作。制药工程实验是制药工程专业教学实践的重要环节,通过实验教学可使学生掌握基本实验技术和操作技能,提高独立思考和创新能力。

　　本书在天津理工大学化学化工学院制药工程系教师自编教材《制药工程专业实验指导》的基础上补充、完善和优化而成。全书内容结合药品生产和开发技术的发展,包括实验室基本规则和要求、实验室安全、实验室常用仪器、制药工程常用技术、药物制剂实验、药物合成实验、药物分析实验、天然药物提取和分离实验、创新开发实验,试图运用综合的实验方法、实验手段对学生的知识、能力、素质进行综合的培养,为学生今后从事药品生产和开发工作作必要的准备。本书可作为高等院校制药工程、药学等相关专业的实验课教材,也可供相关专业人员参考。

　　本书由天津理工大学化学化工学院制药工程系的教师共同编写,李彩文任主编,陈宝泉任副主编,刘玉明、刘旭光、陈嘉媚、王红颖、史艳萍、戴霞林、张有来、王亮担任编委。

　　本书在编写过程中得到了院领导的大力支持与指导,得到了陈宝泉教授的审阅和修正,得到了制药工程系全体教师的支持和帮助,还得到了李元浩、单海瑶、贾军龙、韦德宇、张澜等同学的协助。本书参考了国内外专家和学者的科研成果与著作,并结合我校制药工程专业多年的教学实践经验对内容进行了整合和优化,在此谨向著作权者表示诚挚的感谢,同时感谢天津大学出版社的支持。

　　由于编者水平和经验有限,且编写时间仓促,书中错误与疏漏在所难免,恳请读者批评指正。

编者

2021 年 1 月

目　　录

第一章　实验室基本规则和要求 ·· 1

　　第一节　实验室规则与实验须知 ·· 1

　　第二节　实验程序与实验报告 ·· 2

第二章　实验室安全 ·· 4

　　第一节　实验室个人防护 ·· 4

　　第二节　试剂使用安全 ·· 6

　　第三节　单元操作安全 ·· 8

　　第四节　危险化学品使用安全 ··· 13

　　第五节　电气安全和气体钢瓶使用安全 ····································· 18

　　第六节　实验室急救与逃生 ··· 22

第三章　实验室常用仪器 ··· 31

　　第一节　生物显微镜 ··· 31

　　第二节　集热式磁力搅拌器 ··· 32

　　第三节　循环水式真空泵 ··· 32

　　第四节　旋转蒸发仪 ··· 33

　　第五节　显微熔点仪 ··· 34

　　第六节　单冲压片机 ··· 35

　　第七节　智能崩解试验仪 ··· 37

　　第八节　片剂硬度仪 ··· 39

　　第九节　脆碎度测定仪 ··· 40

　　第十节　溶出试验仪 ··· 42

　　第十一节　锥入度测定仪 ··· 43

　　第十二节　药物稳定性试验箱 ··· 45

　　第十三节　真空干燥器 ··· 46

　　第十四节　离心机 ··· 46

　　第十五节　冷冻干燥机 ··· 47

　　第十六节　药物透皮扩散试验仪 ··· 47

　　第十七节　融变时限测试仪 ··· 48

　　第十八节　胶囊填充机 ··· 49

　　第十九节　多功能滴丸机 ··· 50

第四章　制药工程常用技术 ··· 53

　　第一节　固液萃取 ··· 53

　　第二节　重结晶 ··· 55

第三节　减压过滤……………………………………………………………………………57

第四节　干燥………………………………………………………………………………58

第五节　薄层色谱…………………………………………………………………………59

第六节　柱色谱……………………………………………………………………………61

第七节　提取………………………………………………………………………………62

第八节　分离………………………………………………………………………………63

第九节　紫外‐可见分光光度法…………………………………………………………65

第十节　高效液相色谱……………………………………………………………………68

第十一节　气相色谱………………………………………………………………………71

第十二节　红外吸收光谱…………………………………………………………………73

第五章　药物制剂实验…………………………………………………………………………75

实验一　乳剂的制备………………………………………………………………………75

实验二　混悬剂的制备……………………………………………………………………77

实验三　注射剂的制备……………………………………………………………………81

实验四　口服液的制备……………………………………………………………………84

实验五　滴眼剂的制备……………………………………………………………………86

实验六　散剂的制备………………………………………………………………………89

实验七　颗粒剂和胶囊剂的制备…………………………………………………………92

实验八　片剂的制备及评定………………………………………………………………94

实验九　滴丸剂的制备……………………………………………………………………96

实验十　软膏剂的制备……………………………………………………………………98

实验十一　栓剂的制备及置换价的测定…………………………………………………100

实验十二　膜剂的制备……………………………………………………………………104

实验十三　固体分散体的制备与验证……………………………………………………107

实验十四　包合物的制备与测定…………………………………………………………109

实验十五　微囊的制备及质量评价………………………………………………………113

实验十六　脂质体的制备和包封率的测定………………………………………………116

实验十七　缓释制剂的制备………………………………………………………………122

第六章　药物合成实验…………………………………………………………………………127

实验一　乙酰水杨酸的合成………………………………………………………………127

实验二　扑炎痛的合成……………………………………………………………………129

实验三　苯妥英钠的合成…………………………………………………………………131

实验四　异烟肼的合成……………………………………………………………………134

实验五　蒿甲醚的合成……………………………………………………………………135

实验六　阿昔洛韦的合成…………………………………………………………………137

实验七　奥美拉唑的合成…………………………………………………………………139

实验八　丙戊酸钠的合成…………………………………………………………………142

第七章　药物分析实验…………………………………………………………………………145

实验一　对乙酰氨基酚片的溶出度测定·······························145

实验二　用高效液相色谱法测定头孢氨苄胶囊的含量·······················146

实验三　用高效液相色谱法测定氧氟沙星及其片剂的含量·····················148

实验四　用高效液相色谱法测定氯霉素滴眼液的含量·······················149

实验五　用高效液相色谱法测定甲硝唑片剂的含量·······················151

实验六　用高效液相色谱法测定醋酸曲安奈德乳膏的含量·····················153

实验七　用气相色谱法测定维生素 E 的含量 ···························154

实验八　用气相色谱法测定藿香正气水中乙醇的含量·······················156

实验九　用气相色谱法测定牛黄解毒片中冰片的含量·······················157

实验十　用荧光分光光度法测定盐酸苯海拉明片的含量·····················159

第八章　天然药物提取和分离实验·································161

实验一　芦丁的提取和鉴定·····································161

实验二　用大孔吸附树脂分离和纯化白头翁皂苷·························163

实验三　白芷中香豆素的提取、分离和鉴定 ···························164

实验四　黄芪多糖的提取、纯化和含量测定 ···························167

实验五　黄连素的提取和分离·····································170

实验六　大黄中蒽醌类成分的提取、分离和鉴定 ·························172

实验七　虎杖中蒽醌类成分的提取、分离和鉴定 ·························175

第九章　创新开发实验······································180

实验一　药物溶出度测定设计性实验·································180

实验二　药物含量测定设计性实验··································184

实验三　药品质量标准制定·····································185

实验四　剂型设计与处方筛选····································186

实验五　P506 多晶型的制备和熔点、压片性能的比较 ······················191

实验六　高效液相色谱法测定药物含量的方法学研究·······················192

实验七　高效液相色谱法测定尼莫地平分散片的含量·······················194

实验八　抗乙肝药物替诺福韦艾拉酚胺中间体的制备·······················195

实验九　治疗新冠肺炎药物瑞德西韦中间体的制备·······················196

实验十　含硼药物硼替佐米中间体的制备·····························198

实验十一　抗纤维化药物吡非尼酮的制备 ····························200

参考文献···203

第一章　实验室基本规则和要求

第一节　实验室规则与实验须知

制药工程实验是一门实践性课程,是制药工程专业的学生的重要学习内容之一。化学制药、生物制药、中药制药、药物制剂和药物分析实验一般都在实验室中进行。对一所高校而言,实验室是培养人才的重要阵地,是科技创新的主要场所,是服务社会的窗口。实验室的数量与水平是一所高校科技创新能力和办学水平的基本标识之一。实验中用到的试剂大多数是有毒、易燃、易爆、有腐蚀性的化学品,仪器大多数是易碎的玻璃仪器,还常使用电气设备、精密仪器设备等,若粗心大意或操作不慎,就容易发生事故。因此,为了保证实验的顺利进行和实验室的安全,必须了解实验室的基本情况,掌握实验室安全知识和实验过程中必须注意的问题。

一、实验室规则

为保证实验教学顺利进行,让学生养成良好的实验习惯,要求学生遵守以下实验室规则。

(1)备齐实验记录本和与实验有关的用品。

(2)在实验前认真预习,写好预习报告,参照预习报告进行实验操作。

(3)不准赤脚、穿背心或拖鞋进入实验室。在实验开始前先检查仪器是否完好无损,装置安装是否正确。

(4)在实验过程中及时、认真记录,实验结束后实验记录经教师审阅、签字。

(5)爱护仪器,节约药品,取完药品盖好瓶盖,仪器损坏及时报损。仪器的使用严格按照操作规程进行,以防止仪器损坏。在实验中出现错误及时报告教师,进行恰当的处理。

(6)遵守课堂纪律,不得旷课、迟到,在实验室内保持安静,不许喧哗,不许擅自离开岗位。

(7)保持实验室整洁,书包、衣物和与实验无关的物品放在指定地点,公用仪器、药品、试剂用完放回原处。

(8)不得将实验所用仪器、药品随意带出实验室。

(9)实验完毕,值日生做好清洁卫生工作,检查实验室安全,关好门、窗和水、电。

(10)对实验数据进行认真分析和处理,填写实验报告。

二、实验须知

在实验前要认真预习,写好预习报告,初步了解实验目的、实验原理,对操作方法和步骤做到心中有数;在实验过程中要及时记录观察到的现象、结果和数据。记录要准确、客观,切忌夹杂主观因素,真实的记录才是结果分析的可靠依据,切勿根据课本知识虚假记录。要清楚地记录配制溶液的过程、加样的体积、所用仪器的类型与规格、药品的浓度等。教师应认真检查每个学生的预习情况。

实验结束后,应及时整理和总结实验数据,填写实验报告。实验报告应包括标题、实验目的和原理、实验仪器和材料、实验流程和操作、实验结果和讨论等内容,其中核心内容是实验结果和讨论。讨论是对整个实验过程、实验结果的总结、分析,既可对得到的正常结果和出现的异常现象进行分析,又可对思考题进行思考和讨论,还可对实验设计、实验方法提出合理的改进意见。

第二节　实验程序与实验报告

一、实验程序

实验者必须遵循如下实验程序。

(1)认真阅读实验教材,在实验前完成预习报告,提交实验指导教师审阅同意后,方可进行实验。

(2)在实验中认真观察,完成实验原始记录。实验原始记录以书写为主,必要时也可以辅以其他记录形式。

(3)实验完成后,在对实验数据进行认真分析的基础上给出实验结果,并在规定的时限内按规定的格式提交实验报告。

二、实验报告

实验报告的参考格式如下。

实验名称

一、实验目的

二、实验原理

三、实验仪器和材料

四、实验步骤

五、实验结果

六、注意事项

七、思考题

八、讨论

第二章　实验室安全

　　安全就是没有伤害,没有损失,没有威胁,没有事故发生。安全的本质是预知、预测、分析危险和限制、控制、消除危险。安全是生产、生活正常进行的前提条件。

　　安全问题是随着生产的出现而出现,随着生产和技术的发展而发展的。现今生产安全问题成为重大的社会问题,也是社会进步、经济繁荣、人们安居乐业后要解决的重要问题。在生产和实践活动中,应将人员伤亡和财产损失控制在最低水平。

第一节　实验室个人防护

　　很多事故的发生是量累积的结果,完美的技术和完善的制度都无法完全避免事故的发生,因此防患于未然是安全工作必须遵守的基本原则。很多意外是由人造成的,所以可以由人来避免,但只有具有安全意识的人才能避免,这是因为最重要和最有效的防线在每个人的心里。

　　初次进入实验室,首先要观察实验室周围的环境,确认逃生通道,检查安全设施,了解实验室的危险性和特殊性。在实验过程中要控制个人情绪,集中注意力,按正确的步骤操作。要养成良好的实验习惯,遵守实验室的规章制度,做好个人防护工作。

　　个人防护装备是最后一道防线,可以使个人防护更加安全和有效,是以人为本最直接、最鲜明、最具体的体现。实验者应正确使用个人防护装备。

一、全身的防护

　　进入实验室必须按规定穿实验服,头发、松散的衣服需妥善固定。实验服的选择取决于所需的保护程度和可能沾染有害物质的身体面积。基础实验服只是普通的保护服装,没有经过特殊处理。除基础实验服外,还有经过特殊处理的保护服装、橡胶围裙、鞋套和套袖等,这些防护服可以提供更有效的保护,一旦受到污染,可以提供更长的缓冲时间来脱掉受污染的衣物。

　　实验服的作用是防止人身与污物、粉尘接触,并使有害物质喷溅或洒出造成的危害最小化。即便在某些实验中皮肤不会直接接触有害物质,仍需穿上实验服,以尽量减少皮肤的暴露。

　　必须认真挑选合适的实验服和防护装备,并确保其功能正常。如使用危险化学试剂,必须遵守实验室的规章制度,穿规定的实验服和不露脚趾的鞋。其他防护装备(如防护面罩、特种手套、围裙和防毒面具)视实验的危险程度选用。

进入实验室还要注意,不能穿短裤、短裙和凉鞋;进行高危物质的实验时,必须检查实验服的开口部位是否封好,必要时可以使用胶带;可以戴帽子来保护头发和头皮免受污染;实验服的袖口应该盖过便服,并应经常清洗;如果实验服被污染,应该立即将其脱掉,并彻底清洗受影响的皮肤表面。另外,防护服不应穿出实验室。

二、手部的防护

在实验过程中使用或可能触碰有害物质时,必须佩戴防护手套。手套的选择取决于实验中使用的有害物质、可能遇到的危险和操作的方便性。每次使用前都要检查手套是否完好。

薄层手套是实验室中最常用的手套,其使用后可以作为普通垃圾处理。一般来说,丁腈手套的化学耐性比乳胶手套和塑胶手套都好。

有可能长时间接触有害物质时应该使用可重复使用的厚手套。此类手套在脱下前应该充分清洗,并应定期更换,更换频率取决于使用的频率和所接触物质的性质。

三、眼睛和面部的防护

眼睛和面部是实验中最易受伤害的部位,因而对其进行保护尤为重要。

1. 眼睛的防护

眼睛的防护一般通过佩戴防护眼镜实现。防护眼镜是一种特殊的眼镜,主要作用是使眼睛免受紫外线、红外线和微波等电磁波的辐射,粉尘、烟尘、金属与沙石碎屑和化学溶液的溅射。

根据使用场合和保护目的的不同,防护眼镜分为防尘眼镜、防冲击眼镜、防化学眼镜和防光辐射眼镜等。

佩戴防护眼镜时应注意,要根据使用目的选用经产品检验机构检验合格的产品;佩戴后有一个适应的过程,在完全习惯之前请勿进行实验操作;在使用过程中如镜片磨损、镜架损坏,影响操作人员的视力,应及时调换;使用后要及时用净水冲洗,使用清洁的专用拭镜布擦拭镜片,将眼镜凸面朝上放置在眼镜盒内。

2. 面部的防护

面部防护用具用于保护面部和喉部,如防冲击和液体喷溅面屏,这种面屏将眼睛和面部全部覆盖,能对冲击物和喷溅液体起到较好的防护作用。如果面屏是可掀起并暴露眼睛的,就必须同时佩戴防冲击眼镜。如果作业场所同时存在物体打击、粉尘、噪声等,选择防冲击和液体喷溅面屏时应考虑能与安全帽、口罩、耳塞同时佩戴的。

四、呼吸道的防护

实验室中存在着许多看不见的危害,如不慎吸入有毒、有害气体,造成的伤害是难以估计的,所以呼吸道的防护非常重要。呼吸道的防护是指佩戴特殊的呼吸系统防护用品来保护实验者不受实验室内的细菌或粉尘的感染和有害气体的伤害。

第二节 试剂使用安全

在实验过程中会用到大量易燃、有毒和有腐蚀性的试剂,在试剂使用过程中如果不注意安全,就可能造成灼伤、中毒、火灾等实验安全事故。使用任何试剂都要做到"三不",即不用手拿,不直接闻气味,不尝味道。此外,试剂瓶瓶塞或瓶盖打开后要倒放在桌上,取用试剂后立即将试剂瓶塞紧,否则空气中的物质可能会污染试剂,使之变质而不能使用,甚至引发意外事故。试剂的配制和转移也必须注意安全,不要贪图省事或抱着侥幸心理,思想上的疏忽常常是发生事故的原因。

一、试剂的取用

1. 固体试剂的取用

(1)固体试剂要用干净的药匙取用,用过的药匙必须洗净、擦干后才能使用,以免药匙上残留的试剂与待取试剂发生反应。

(2)块状固体试剂可用干净的镊子取用,送入容器时应将容器倾斜,使块状固体试剂沿容器壁慢慢滑至容器底部,避免垂直空投入容器,造成容器损坏。

(3)称量固体试剂时应控制取用量,不要多取。多取的试剂可能已与空气反应,因此不可倒回原瓶,以免污染瓶里的试剂。

(4)一般的固体试剂可以放在称量纸上称量。具有腐蚀性、强氧化性或易潮解的固体试剂不能放在称量纸上称量,应放在玻璃容器内称量。如氢氧化钠有腐蚀性,且易潮解,最好放在烧杯中称量,否则容易腐蚀天平。

(5)称取有毒的固体试剂时要做好防护,如戴好口罩、手套等。

(6)取用白磷时,因其易氧化,燃点低,有剧毒,能灼伤皮肤,故应在水中用镊子夹住,用小刀切取,并严禁抛撒。

(7)取用红磷时要用药匙,勿近火源,避免和灼热的物体接触,以免发生火灾。

(8)取用金属钠、钾等时应在无水煤油中用镊子夹住,用小刀切取,切勿与水接触,以免引发火灾。

2. 液体试剂的取用

(1)从滴瓶中取液体试剂时要用滴瓶中的滴管,滴管应悬空将试剂滴入容器中,以免滴管口接触器壁而污染滴瓶中的试剂。

(2)从试剂瓶中取少量液体试剂时须使用滴管,且各试剂之间滴管不可混用,以免发生反应。

(3)装有液体试剂的滴管不得横置或将滴管口向上斜放,以免试剂溅出伤人,或试剂流入滴管的橡胶帽中腐蚀橡胶帽,再取试剂时受到污染。

(4)倾倒液体试剂时用手握住试剂瓶贴标签的一面,否则流出的试剂会污染、腐蚀标签。

（5）液体试剂应该沿着容器壁流入容器,或沿着洁净的玻璃棒引流入细口容器中,以免倾倒于瓶外。

（6）取出所需量的液体试剂后,将试剂瓶口在容器上靠一下,再慢慢竖起试剂瓶,以免残留在瓶口的试剂滴流到瓶的外壁。

（7）取用挥发性强的液体试剂要在通风橱中进行,尤其是在夏季或室温较高时。打开试剂瓶时,绝对不可将瓶口对准自己或他人的面部,特别是眼睛,因瓶内试剂蒸发会产生相当大的压力,开启瓶塞时,瓶塞会被骤然顶出,有时还会喷出一部分液体,危险性很大。因此要做好安全防护,最好戴上护目镜或预先将瓶口包上湿布,用冷水冷却后再开启瓶塞。

（8）取用强腐蚀性液体试剂,如浓硝酸、溴水、氢氟酸等时,必须戴上橡胶手套。

（9）从大瓶中取用浓酸时,应该用虹吸管吸取,因为采用倾倒法可能洒出酸液造成事故。取用完毕,把虹吸管撤掉。

（10）量取少量浓酸、浓碱或有毒液体时,应尽可能使用量筒或滴管。若要用移液管来量取上述危险性液体试剂,应使用洗耳球或其他代用装置。

二、试剂的配制与转移

1. 试剂的配制

（1）在试剂配制过程中,常需要加热来助溶。加热时要特别注意安全,必须不断搅拌溶液,使物质处于悬浮状态,以防容器因底部有沉淀物而破裂。

（2）溶解和稀释化学药品,特别是配制 $NaOH$、H_2SO_4 等的浓溶液,只能在开口、耐热的玻璃容器(如烧杯、烧瓶)中进行,并用玻璃棒随时搅拌溶液。切忌在玻璃瓶(试剂瓶)、量筒、结晶皿或标本缸中配制上述溶液,因上述物质溶解时放出的热量会使这些容器破裂。

（3）配制溶液时,禁止用手直接取用试剂,以免造成试剂污染或手灼伤。

（4）粉碎腐蚀性试剂(如大块苛性碱)时,必须戴上帽子、护目镜和橡胶手套,以免在粉碎过程中试剂溅入眼内灼伤眼睛,或溅入头发损伤头发、头皮。

（5）浓硫酸用水稀释时会大量放热,为避免酸液飞溅,只能把酸缓缓地倒入水中,并不断搅拌,绝对不能把水注入酸内,否则极易导致爆炸。大多数酸用水稀释时都会产生一定的热量,因此,这一规则可应用于一切酸的稀释。

（6）配制有毒试剂的溶液应在通风橱中进行,以免逸出的毒气污染实验室空气,或直接造成伤害事故。

（7）在配制氰化物溶液时,绝对不允许向溶液中加酸酸化,因为这样会逸出大量的氰化氢气体,造成严重中毒事故。

（8）用有机溶剂配制溶液时,若溶质溶解缓慢,应不时搅拌或在水浴中加热,切不可直接加热。

2. 试剂的转移

（1）移动盛有强酸、强碱溶液(或其他有腐蚀性的液体、易燃的液体)的瓶子时,不可只拿住瓶颈,必须托住瓶底。

（2）残留在瓶口的溶液会使玻璃表面变得很滑，故应及时将瓶口周围擦干净。

（3）贮藏和移动装有强酸的容器时，须将容器密闭，并另外用设备保护，以防容器破裂。

（4）移动盛有溶液的薄壁玻璃仪器（烧瓶、烧杯）时也必须托住其底部。

（5）为了防止倾倒而发生事故，不要把腐蚀性试剂放在试剂架的顶层。

第三节　单元操作安全

一、加热操作安全

加热是常用的实验方法，为了加速反应，往往需要加热。但若加热不当，极易引起烫伤、爆炸、火灾等安全事故。在加热过程中，玻璃仪器若受热不均会破裂，造成液体飞溅，导致人员烫伤或割伤。若用明火直接加热易燃、易爆的溶剂，可能引起火灾、爆炸事故。因此，加热操作安全十分重要。

根据加热温度、升温速度等的需要，常采用下列加热手段。

1. 电热套加热

（1）电热套属于比较好的空气浴，沸点在 80 ℃以上的液体均可采用。但是由于其受热不均匀，故不能用于回流沸点低、易燃的液体或者减压蒸馏，因随着容器内物质逐渐减少，容器壁会过热而发生危险。

（2）电热套的玻璃纤维常含有油质及其他化合物，因此第一次使用时会有白烟和异味，颜色由白色变为褐色再变成白色。此时应将电热套放在通风处，过数分钟待上述现象消失后即可正常使用。

（3）电热套应与受热玻璃仪器的尺寸匹配，以免玻璃仪器受热不均而破裂。

（4）应避免化学药品污染加热套，因为化学药品受热分解可能散发有毒气体。

（5）若有液体溢入加热套内，应迅速切断电源，并将电热套放在通风处，待干燥后方可使用，以免漏电或短路而发生危险。

2. 水浴加热

（1）当加热温度低于 100 ℃时，最好使用水浴加热。但加热钾和钠绝对不能在水浴中进行。

（2）水浴加热所用的水浴箱要保持清洁，定期洗刷，还要防止生锈、漏水、漏电。箱内的水要常常更换，如较长时间不用，要放掉箱内的水并擦干，以免生锈。

（3）使用水浴加热时，要防止容器触及水浴箱壁或底部，以免接触加热管，局部受热而破裂。

（4）水浴箱内的水会不断蒸发，故应当适时适量添加净水。水浴箱内的水量不可少于 1/2，且不可使加热管露出水面，以免烧坏加热套管，导致水进入加热套管毁坏炉丝或发生漏电现象。

（5）水浴箱内的水位也不可太高，以免沸腾时水溢出箱外，造成人员烫伤。

（6）在加热过程中应防止温度控制盒溅上水或受潮，以免温度控制失灵、漏电。

3. 油浴加热

（1）油浴加热是化学反应中最常用的加热方法之一，油浴温度比水浴高，一般在 100~250 ℃，故操作时要注意防烫伤。

（2）常用的油浴浴液有甘油、液状石蜡、甲基硅油、真空泵油、植物油。油浴加热时切忌有水滴入，以免热油飞溅伤人。

（3）甘油可以加热到 140~150 ℃，但温度过高时会分解，因此不可长时间高温操作。

（4）液状石蜡可以加热到 200 ℃左右，但温度较高时较易燃烧，故要注意防火。

（5）植物油一般可以加热到 220 ℃，常加入 1% 的对苯二酚等抗氧化剂，以便久用。但温度过高时植物油会分解，若达到闪点会燃烧，故使用时要小心。

（6）使用油浴加热时要特别小心，防止着火，当油受热冒烟时应立即停止加热。

（7）油浴浴液使用较长时间后应及时更换，否则易发生溢油着火事故。

（8）油浴加热时油量不能过多，要防止浴液外溢或油浴温度过高而导致失火。

二、冷却操作安全

某些实验须在低温条件下进行反应、分离、提纯等，此时须进行冷却操作。例如：①冷却操作可加速结晶的析出；②某些反应要在特定的低温条件下进行才利于产物的生成，如重氮化反应一般在 0~5 ℃下进行；③沸点很低的有机物冷却后可减少损失；④减压蒸馏装置需要冷却装置；⑤有些生物制剂需要冷却保存。

根据不同的冷却要求，在实验过程中可采用冷却剂或普通冰箱、冰柜、超低温冰箱等冷却设备。

1. 冷却剂使用安全

实验室中最简单的冷却剂是水和碎冰的混合物，其冷却温度为 0~5 ℃。若向冰水混合物中加适量的盐，所得冰盐混合冷却剂的温度可达 0 ℃以下。某些实验会用到一些超低温冷却剂，如干冰和液氮等，这些冷却剂会产生下列危险：①因低温引起皮肤冻伤；②使用干冰引起中毒；③使用液氧引起燃烧；④使用液氮引起窒息；⑤盛装冷却剂的容器因脆化或加压而损坏，导致冷却剂泄漏。

在实验过程中，冷却剂的使用要注意以下安全事项。

（1）使用冷却剂时，必须戴保暖手套，以防止冻伤。

（2）冷冻液态气体须经过减压阀进入缓冲瓶，再进入仪器，以免液态气体由于压力突然变化而发生爆炸。

（3）使用液氧时，为了防止燃烧，绝不允许与任何有机化合物接触、混合。

（4）使用液氢时，要防止周围空气中氢气的含量高于 5%，否则会发生剧烈爆炸。因此要把汽化的氢气排入高空，或者采取适当的方法烧掉。

（5）干冰，即固体 CO_2，温度低达 -78.5 ℃，易冻伤皮肤。因此，使用干冰时要先在钢瓶出口处接上透气的保温袋，让放出的大量液体 CO_2 在其中变为干冰。此外，干冰不能储存于密闭容器中,以免干冰升华导致压力增大而发生爆炸。

(6)液氮是一种常用的超低温液体(-196 ℃),如与皮肤或眼睛接触,会引起类似烧伤的冻伤。如在常压下汽化产生的氮气过量,会使空气中的氧分压下降,引起缺氧窒息。

2. 冰箱使用安全

(1)冰箱应置于阴凉、通风处,远离热源、易燃易爆危险品和气体钢瓶。

(2)冰箱要定期除霜、清洁,储存过生物制剂的冰箱清洁后需要全面消毒。

(3)不能储藏未密封好的易燃、易挥发的物品,以防发生泄漏或起火。

(4)不可储藏未密封好的腐蚀性物品,以免损坏冰箱内部器件。

(5)不宜储藏过多的有机试剂,要定期打开冰箱,使冰箱内部的有机蒸气及时散发。

(6)储藏有毒、有害或放射性物质时,要避免其泄漏,以免造成人员伤亡或环境污染。

(7)冰箱内的所有容器均应标明内容物的名称、浓度,责任人,日期等,未标明者定期以废弃物处理。

(8)玻璃仪器不可直接放入超低温冰箱内,以免因超低温冷冻而破损。

(9)不可赤手触碰超低温冰箱内的物品,以免冻伤。

(10)超低温冰箱的冷凝器表面温度较高,不可直接接触,以免烫伤。

三、干燥操作安全

干燥操作是采用适当的方法除去固体、液体或气体中少量的水分或溶剂,如玻璃仪器的干燥、反应产物的干燥等。干燥方法大致可分为化学干燥法和物理干燥法。化学干燥法常用于干燥气体和液体,常使用的干燥剂有浓 H_2SO_4、$CuSO_4$、$CaCl_2$、$MgSO_4$、Na_2SO_4、CaO、P_2O_5、金属钠等。干燥固体多用物理干燥法,实验室中常用的物理干燥法有红外线干燥、真空干燥、冷冻干燥等。

1. 干燥剂使用安全

(1)使用干燥剂时,应防止干燥剂和待干燥物发生反应。

(2)干燥剂常分为酸性干燥剂(如浓 H_2SO_4、P_2O_5)、中性干燥剂(如无水 $CuSO_4$、无水 $CaCl_2$)和碱性干燥剂(如碱石灰、CaO)。一般来说,酸性干燥剂不能干燥碱性物质,碱性干燥剂不能干燥酸性物质。

(3)浓 H_2SO_4 不能干燥 H_2S、HBr、HI 等还原性物质,以免发生氧化还原反应,如:$H_2S+H_2SO_4=2H_2O+SO_2+S\downarrow$。

(4)无水 $CuSO_4$ 不能干燥 H_2S,以免发生反应:$CuSO_4+H_2S=H_2SO_4+CuS\downarrow$。

(5)无水 $CuSO_4$ 不能干燥 NH_3,以免发生络合反应:$CuSO_4+4NH_3=[Cu(NH_3)_4]SO_4$。

(6)无水 $CaCl_2$ 不能干燥 NH_3,以免发生络合反应:$CaCl_2+8NH_3=CaCl_2\cdot8NH_3$。

(7)使用 P_2O_5 作为干燥剂时要防止腐蚀灼伤。

(8)若待干燥物含有大量水分,不可用金属钠作为干燥剂,以免发生燃烧、爆炸。

2. 远红外干燥箱使用安全

(1)远红外干燥箱要按规定的温度范围使用,并保持接地良好。

（2）远红外干燥箱工作时，人员不得离开。

（3）远红外干燥箱工作时，必须打开通风闸门，以防爆炸。

（4）待干燥物排列不能太密。

（5）远红外干燥箱底部不可放物品，以免影响热风循环。

（6）禁止干燥易燃、易爆物品和有挥发性、有腐蚀性的物品。

（7）若要打开远红外干燥箱，必须先断电。

（8）不能直接用手接触待干燥物，要用专用的工具或隔热手套取用，以免烫伤。

（9）经易燃液体洗涤过的样品应在室温下放置 15~30 min，待易燃液体挥发后才可放入远红外干燥箱内干燥，且室内应注意通风。

（10）远红外干燥箱工作时，不可进行清洁作业，更不能用易燃液体擦拭。

3. 真空干燥箱使用安全

（1）真空干燥箱外壳必须有效接地，以保证使用安全。

（2）真空干燥箱周围应无腐蚀性气体、强烈振动源、强电磁场。

（3）真空干燥箱工作时应注意观察真空表的示数，不要超过真空干燥箱能够承受的负压范围，以防真空干燥箱炸裂。

（4）不得干燥易爆、易产生腐蚀性气体的物品。

（5）若待干燥物潮湿，则在真空干燥箱与真空泵之间加过滤器，防止潮湿的气体进入真空泵，造成真空泵故障。

（6）如待干燥物在干燥后变为小颗粒状，应在工作室的抽真空口加阻隔网，以防干燥物被吸入而损坏真空泵。

（7）真空干燥箱不需要连续抽气使用时，应先关闭真空阀，再关闭真空泵电源，否则真空泵油会倒灌至箱内。

（8）如干燥时间较长、真空度下降，需要再次抽气恢复真空度，应先开启真空泵电源，再开启真空阀。

（9）干燥结束、解除真空后，因密封圈和玻璃门吸紧变形，不宜立即打开真空干燥箱门，经过一段时间密封圈恢复原形后，才能开启箱门。

（10）如干燥物是易燃物，必须待其温度降低到低于其燃点后才能取出放在空气中，以免发生氧化反应而引起燃烧。

4. 冷冻干燥机使用安全

（1）预冷时间至少需要 30 min，这样才能使冷阱具有吸附水分的能力。在操作过程中切勿频繁开关冷阱，如因操作失误造成冷阱停止运转，不能立即启动，要预冷后方可再次启动，以免损坏冷阱。

（2）待干燥物需要进行预冻，要严格控制预冻温度（通常比待干燥物的共熔点低几度）。如果预冻温度不够低，则待干燥物可能没有完全冻结，在抽真空升华时残留的液体会汽化喷射，膨胀起泡。

（3）有机溶剂对有机玻璃罩和油泵等零部件有腐蚀作用，应避免待干燥物中含有有机溶剂。

（4）冷阱的温度约为 -65 ℃，须戴保温手套操作，以防冻伤。

（5）在一般情况下，冷冻干燥机不得连续使用超过 48 h。

（6）干燥结束后，旋开充气阀向冷阱充气时一定要慢，以免损坏真空泵。

四、粉碎操作安全

实验中常会用到粉碎操作，如 I_2 与 KI 粉碎研磨，有助于 I_2 溶解；中药材粉碎，有助于有效成分的提取等。但是在粉碎操作过程中会产生粉尘，威胁人身安全和污染环境；机械粉碎若操作不当，可能造成人身伤害；某些物质，如硝基化合物、高氯酸盐、叠氮化物等，会因粉碎摩擦而引起火灾或爆炸。因此，实验时要注意粉碎操作安全。

使用粉碎机时应注意如下安全事项。

（1）使用粉碎机时应戴好口罩、防护眼镜、手套等。

（2）使用粉碎机前应检查粉碎腔内是否有异物，拧紧粉碎刀片，以免在粉碎过程中异物卡住刀片或刀片松脱。

（3）先向粉碎腔内加入待粉碎样，关紧上盖，再接通电源，启动电动机。

（4）在粉碎过程中严禁打开上盖和将手伸入粉碎腔内。

（5）如待粉碎样卡住刀片，导致电动机不转，须立即关闭电源，以免烧毁电动机，清除所卡物料后方可继续使用。

（6）粉碎结束后，先关机，然后缓慢开启上盖，以免粉碎粉尘扬起，危害人体和环境。

五、过滤与离心操作安全

在实验中，为得到纯化产物，常采用过滤与离心操作。过滤是利用物质溶解性的差异分离除杂，实验室里常用到常压过滤与减压过滤。离心是利用物质的质量加向心力分离除杂，实验室里常用的离心机有低速离心机、高速离心机和冷冻离心机等。

1. 过滤操作安全

（1）过滤时，要根据待过滤样选择合适的过滤介质，如棉花，定性、定量滤纸，砂芯等。

（2）用滤纸过滤时，不要戳破滤纸，以免待过滤样直接进入滤液，导致过滤失败。

（3）过滤热饱和溶液时，要对漏斗进行保温，以免因温度降低析出结晶，导致无法过滤。

（4）减压过滤时，滤纸要略小于布氏漏斗，但要覆盖所有的孔，并滴加蒸馏水使滤纸与漏斗紧密连接；布氏漏斗与抽滤瓶之间要紧密连接，抽气泵连接口不可漏气，否则无法达到真空减压的目的。

（5）减压过滤结束后，要先分离抽滤瓶和真空泵，再关闭真空泵，以免真空泵内的水倒吸进入抽滤瓶，导致过滤失败。

2. 离心操作安全

（1）一般低速离心机可放在平稳、坚固的台面上；大容量低速离心机和高速冷冻离心机要水平安放在坚实的地面上，且工作间应整齐、清洁、干燥并通风良好。

（2）离心前要注意离心管是否与离心机配套,是否有损伤,以免在离心过程中破裂。若离心机运转时离心管破裂,引起较大的振动,应立即停机处理。

（3）离心时离心管中的样品需达到重量平衡,并一定要对称放置,以免造成离心机故障。

（4）要检查转头螺丝是否旋紧,旋紧后盖上离心机盖,方可开始离心。

（5）当离心机运行时,严禁开启离心机盖,接触正在转动的转头,以免造成离心机故障和人身伤害。

（6）完成离心操作后要等待离心机自动停转,不允许用手或其他物件迫使离心机停转,待转头完全静止后才能打开离心机盖。

（7）高速冷冻离心机处于预冷状态时,离心机盖必须关闭。由于具有制冷功能,空气中的水分会在离心腔内结霜,停机后霜化为水,因此离心操作结束后要取出转头倒置于实验台上,擦干离心腔内的水,且离心机盖应处于打开状态。

（8）用高速冷冻离心机超速离心时,离心管中一定要加满液体,因超速离心时需抽真空,只有加满液体才能避免离心管变形。如离心管盖子密封性差就不能加满液体,以防液体外溢使离心机失去平衡或污染转头、离心腔,影响感应器正常工作。

（9）高速冷冻离心机应定期检查转子,转子必须保持干燥、清洁,切勿碰撞、擦伤。如转子不慎磕碰,应对其进行 X 射线检查,确认无内部损伤后方可使用。

第四节　危险化学品使用安全

一、危险化学品

（一）危险化学品的概念

化学品中具有易燃、易爆、毒害、腐蚀、放射等危险特性,在生产、储存、运输、使用和废弃物处置等过程中容易造成人员伤亡、财产毁损、环境污染的均属危险化学品。

（二）危险化学品的分类

1. 爆炸物

一些固态或液态物质(或物质的混合物)能够通过化学反应产生对周围环境造成破坏的气体,称为爆炸物。其中也包括发火物质,即使它们不放出气体。

2. 危险气体

（1）易燃气体:在 20 ℃、101.3 kPa 下,与空气混合后在易燃范围内的气体,如氢气、甲烷、乙炔、丙烯、丁二烯等。

（2）氧化性气体:一般通过提供氧气的方式比空气更容易导致或促使其他物质燃烧的气体。

（3）压力气体:在大于或等于 200 kPa（表压）的压强下装入贮器的气体、液化气体、冷冻液化气体,包括压缩气体、液化气体、溶解气体、冷冻液化气体,如氮、氦、氖、氩、二氧化碳等。

3. 易燃液体

易燃液体是闪点不高于 93 ℃的液体,其挥发的蒸气与空气形成可燃混合物,达到一定的浓度后遇火源即会燃烧。易燃液体有汽油、乙醇、苯等,大都是有机化合物。

4. 易燃固体

易燃固体是容易燃烧或通过摩擦可能引燃或助燃的固体。易燃固体按燃点与易燃性可分为两级。

(1)一级易燃固体:燃点低,极易燃烧和爆炸,对火源、摩擦极敏感,有的遇氧化性酸会燃烧、爆炸,或在燃烧时放出大量有毒气体。其按组成可分为三类:①红磷与含磷化合物,如三硫化四磷、五硫化二磷等;②硝基化合物 [如二硝基苯、二硝基萘、硝酸纤维素(硝化棉,含氮量低于 12.5%)等] 和亚硝基化合物(如亚硝基苯酚、H 发孔剂等),此类化合物燃烧时会发生爆炸,产生有害气体,灭火时要防止中毒;③其他,如氨基化钠、重氮氨基苯、闪光粉等。

(2)二级易燃固体:燃烧性能较一级易燃固体差,但也易燃,且可释放出有毒气体。其按组成可分为四类:①硝基化合物 [如二硝基丙烷、二硝基氨基苯酚、二硝基联苯、三硝基芴酮、含硝酸纤维素的制品(赛璐珞等)等] 和亚硝基化合物(如二亚硝基间苯二酚),此类化合物灭火时要防止中毒,且有的物质燃烧时会发生爆炸,应予以注意;②易燃金属粉末,如镁粉、铝粉、钍粉、锆粉、锰粉等,此类物质易形成爆炸性粉尘,着火时先用石棉毡(或沙土)覆盖,再用水扑救;③萘及其类似物,如萘、甲基萘、均四甲苯、茨烯、樟脑、萘二甲酸酐等,此类化合物容易升华,蒸气较空气重,燃烧危险性大;④其他,如硫黄、聚甲醛、苯磺酰肼、偶氮二异丁腈、氨基胍重碳酸盐、氨基化锂等。

5. 自反应物质和混合物

自反应物质和混合物是即使没有氧气(空气)也容易发生激烈的放热分解反应的热不稳定液态或固态物质和混合物。

自反应物质主要是一些含氮氮单键或双键的有机化合物或重氮盐,如脂肪族偶氮化合物(R_1—N=N—R_2)、有机叠氮化合物(R—N_3)、重氮盐(R—N_2^+ X^-),亚硝基化合物(R_1R_2—N—N=O)和芳香族硫代酰肼(R—SO_2—NH—NH_2)。其中 R 指烷基或芳香基;X 指阴离子,通常为卤素离子。

6. 自燃液体

自燃液体是即使数量少也能在与空气接触 5 min 之内被引燃的液体。

7. 自燃固体

自燃固体是即使数量少也能在与空气接触 5 min 之内被引燃的固体。

8. 自热物质和混合物

自热物质和混合物是除发火性液体、固体以外,与空气接触后不需要能源供应就能够自己发热的液体、固体物质和混合物。

9. 遇水放出易燃气体的物质和混合物

遇水放出易燃气体的物质和混合物是与水作用容易放出危险数量的易燃气体的固态、

液态物质和混合物。

10. 氧化性液体、固体

氧化性液体、固体是本身未必燃烧，但通常因放出氧气而可能导致或促使其他物质燃烧的液体、固体。

11. 有机过氧化物

有机过氧化物是含有过氧基（—O—O—）的液态、固态有机物质，可以看作一个或两个氢原子被有机基团替代而形成的过氧化氢衍生物。

12. 金属腐蚀剂

金属腐蚀剂是通过化学作用显著损坏或毁坏金属的物质或混合物。

（三）危险化学品对健康的危害

1. 急性毒性

急性毒性是在单剂量或在 24 h 内多剂量口服、皮肤接触或吸入接触 4 h 之后出现的有害效应。

2. 皮肤损伤

皮肤不可逆损伤：施用实验物质 4 h 后，可观察到表皮和真皮坏死。皮肤刺激：施用实验物质 4 h 后，对皮肤造成可逆损伤。

3. 眼损伤

严重眼损伤：在眼前部表面施用实验物质之后 21 d 内对眼部造成并不完全可逆的组织损伤或严重的视觉物理衰退。眼刺激：在眼前部表面施用实验物质之后 21 d 内使眼部产生完全可逆的变化。

4. 呼吸道或皮肤过敏

呼吸道过敏是吸入会导致气管过敏反应的物质。皮肤过敏是皮肤接触会导致过敏反应的物质。

5. 生殖细胞突变

有些化学物质可能导致生殖细胞发生突变并遗传给后代。

6. 致癌

有些化学物质或化学物质的混合物可致癌或提高癌症的发生率。

7. 生殖毒性

生殖毒性是对成年雄性和雌性性功能和生育能力的有害影响以及对后代的发育毒性。

8. 特异性靶器官系统毒性

特异性靶器官系统毒性有一次接触和反复接触之分。

9. 吸入毒性

吸入毒性是液态或固态化学物质通过口腔或鼻腔直接进入或者因呕吐间接进入气管和下呼吸系统，引起化学性肺炎、不同程度的肺损伤或吸入后死亡等严重急性效应。

二、化学品的安全存放

（一）一般原则

（1）所有化学品都应有明显的标签（标明名称、质量规格、来货日期），最好还要有明显的危险性质标识。

（2）化学品应分类存放，能发生作用的化学品不能混放，必须隔离存放。

（3）易燃物、易爆物、强氧化剂只能少量存放。

（4）贮存室、药品柜必须保持整齐、清洁。

（5）无名物、变质物要及时清理、销毁。

（二）危险品分类存放

1. 易爆炸物品

这类物品不准和任何其他种类的物品共同存放，必须单独隔离存放；宜存放于 20 ℃以下的环境中，同时选用防爆材料架。

2. 易燃、可燃液体

这类物品不准和任何其他种类的物品共同存放；应远离热源、火源，于避光、阴凉处存放，且通风良好；不能装满；最好存放在防爆冰箱内。

3. 遇水或空气能自燃的物质

这类物质不准和其他种类的物质共同存放。

4. 有毒物品

这类物品不准和其他种类的物品共同存放，应专柜上锁。

5. 腐蚀性液体

这类化学品应放于药品柜下部，选用抗腐蚀材料架；能产生有毒气体或烟雾的，应单独存放于通风的药品柜中。

6. 需低温存放的化学品

这类化学品需低温存放才不致变质，宜存放于 10 ℃以下的环境中，如苯乙烯、丙烯腈、乙烯基乙炔、甲基丙烯酸甲酯、氢氧化铵等。

7. 需特别保存的化学品

钠、钾等碱金属（贮于煤油中）和黄磷（贮于水中）易混淆，要隔离存放；苦味酸应湿保存，镁和铝应避潮保存，吸潮物和易水解物应贮于干燥处，封口应严密；易氧化物、易分解物应存放于阴凉处，用棕色瓶盛装或瓶外包黑纸，但过氧化氢（双氧水）不要用棕色瓶装，最好用塑料瓶盛装并外包黑纸。

（三）必须隔离存放的化学品

（1）氧化剂与还原剂、有机物等不能混放。

（2）强酸，尤其是硫酸切忌与强氧化剂的盐（如高锰酸钾、氯酸钾等）混放；遇酸产生有害气体的盐(如氰化钾、硫化钠、亚硝酸钠、氯化钠、亚硫酸钠等)不能与酸混放。

(3)易水解的化学品(如醋酸酐、乙酰氯、二氯亚砜等)忌与水、酸、碱接触;引发剂忌与单体混放,忌潮湿保存。

(4)卤素(氟、氯、溴、碘)忌与氨、酸、有机物混放。

(5)氨忌与卤素、汞、次氯酸、酸等接触。

(6)许多有机物忌与氧化剂、硫酸、硝酸、卤素混放。

(7)若两种化学品能发生反应,则需隔离存放。

(四)不能共存的常用化学品

(1)醋酸:不能与铬酸、硝酸、羟基化合物、乙二醇、高氯酸、过氧化物、高锰酸盐共存。

(2)丙酮:不能与浓硫酸和浓硝酸的混合物共存。

(3)乙炔:不能与铜、卤素、银、汞及其化合物共存。

(4)碱金属:不能与水、二氧化碳、四氯化碳和其他氯代烃共存。

(5)无水氨:不能与汞、卤素、次氯酸钙、氟化氢共存。

(6)硝酸铵:不能与酸、金属粉末、易燃液体、氯酸盐、亚硝酸盐、硫黄、细碎的有机物或易燃性化合物共存。

(7)苯胺:不能与硝酸、过氧化氢共存。

(8)溴:不能与硝酸、过氧化氢共存。

(9)活性炭:不能与次氯酸钙、所有氧化剂共存。

(10)氯酸盐:不能与铵盐、酸、金属粉末、硫黄、细碎的有机物或易燃性化合物共存。

(11)氯:不能与氨、乙炔、丁二烯、苯和其他石油馏分、氢、乙炔钠、松节油、金属粉末共存。

(12)二氧化氯:不能与氨、甲烷、磷化氢、硫化氢共存。

(13)铬酸:不能与醋酸、萘、樟脑、甘油、松节油和其他易燃液体共存。

(14)铜:不能与乙炔、叠氮化物、过氧化氢共存。

(15)氰化物:不能与酸共存。

(16)易燃液体:不能与硝酸铵、铬酸、硝酸、过氧化氢、过氧化钠、卤素共存。

(17)烃:不能与氟、氯、溴、铬酸、过氧化钠共存。

(18)过氧化氢:不能与铬、铜、铁等大多数金属及其盐、易燃液体和其他易燃物、苯胺、硝基甲烷共存。

(19)硫化氢:不能与发烟硝酸、氧化性气体共存。

(20)碘:不能与乙炔、氨共存。

(21)汞:不能与乙炔、雷酸、氨共存。

(22)硝酸:不能与醋酸、铬酸、氢氰酸、苯胺、碳、硫化氢和易于硝酸化的液体、气体共存。

(23)氧:不能与油、脂肪、氢和易燃性液体、固体、气体共存。

（24）乙二酸：不能与银、汞共存。

（25）高氰酸：不能与醋酸酐、铋及其合金、乙醇、纸、木材共存。

（26）五氧化二磷：不能与水共存。

（27）高锰酸钾：不能与甘油、乙二醇、苯甲醛、硫酸共存。

（28）银：不能与乙炔、乙二酸、酒石酸、铵类化合物共存。

（29）钠：不能与四氯化碳、二氧化碳、水共存。

（30）叠氮化钠：不能与铅、铜等金属共存。叠氮化钠通常用作防腐剂，其能够与金属形成不稳定的易爆炸化合物，如果沉积在洗涤槽下面，遇到金属圈和金属管就可能引起爆炸。

（31）过氧化钠：不能与任何可氧化的物质，如甲醇、醋酸、醋酸酐、苯甲醛、二硫化碳、甘油、乙酸乙酯、α-呋喃甲醛等共存。

（32）硫酸：不能与氯酸盐、高氯酸盐、水共存。

第五节　电气安全和气体钢瓶使用安全

一、电气安全

实验室是进行研究或实验，以验证理论或发掘新事物的场所，若实验者用电安全知识不足、操作不当，电气设备维护不良、本质上不安全，均可能造成电气事故。

（一）电气事故

1. 触电事故

1）触电的危害

当人体的一部分接触到外界电流时，会有部分电流通过人体。电流较小时，对人体是不会造成危害的；倘若增大到某一范围，可能造成可复原的伤害；如超过某一特定值，就会对人体产生永久的伤害。触电程度与通过人体的电流的大小、时间、频率、路径和人的体重等因素有关。

2）实验室触电事故的类型

（1）电击：电击是电流通过人体所造成的身体内部的伤害。绝大多数触电死亡事故都是电击。电击是全身伤害，一般不在人体表面留下大面积的明显伤痕。电击可分为直接电击和间接电击。

（2）电伤：电伤是由电流的热效应、化学效应或机械效应对人体造成的伤害。电伤多数是局部伤害，会在人体表面留下明显的伤痕。电伤包括电弧烧伤、电烙印、皮肤金属化、电光眼、机械损伤等。

2. 静电事故

实验室内的静电一般是生产或实验过程中某些材料相对运动、接触与分离而积累的正电荷和负电荷。这些电荷储存的能量不大，不会直接致死，但静电能量积累可能产生多种危害。

1)引发火灾或爆炸

大量静电积累可产生很高的电压,很容易发生静电放电,产生静电火花。如果充满易燃、易爆试剂的实验室里产生静电火花,就可能引发火灾或爆炸。

2)影响实验结果

某些实验可能因为静电而影响结果的准确性。如计量设备带静电而吸附粉尘,造成计量误差;静电对电子设备造成电磁干扰,使其误动作而导致实验结果出错。

3)损坏电子元件

静电能量虽不大,但经过积累,有时电压会很高,如果这些电压加到大型精密仪器的电子元件上,并超过这些元件的耐压值,就可能击穿集成电路和精密的电子元件,或者促使元件老化,从而导致实验设备故障。

4)静电电击

静电电击是高压静电放电造成的瞬间冲击性电击。其产生的电流不是连续的,虽达不到室颤电流而致死,但可造成人体暂时麻痹、失控,从而造成二次损伤。

3. 雷电事故

雷电是大气云层中的水分子在空气作用下相互摩擦产生的静电。雷电具有电流大、电压高、放电时冲击性强的特点,有很强的危害性。

4. 辐射事故

辐射指的是能量以波或次原子粒子的形态传送。辐射能量从辐射源向外沿所有方向直线放射。根据能量的大小,辐射可分为电离辐射和非电离辐射两种。

5. 电气火灾爆炸事故

在实验室中电气设备使用不当、绝缘损坏等均可引起电弧、电火花和危险高温,从而引起火灾和爆炸。

1)易燃、易爆的环境

实验室中广泛存在着易燃、易爆、易挥发的物质,它们在运输、储存、实验过程中极易发生火灾和爆炸。此外,实验室中还有许多电气设备,它们若出现故障或受外力作用,也易发生火灾和爆炸。

2)引燃条件

电气火灾爆炸均由着火源引起,发生的原因有电气设备过热、电火花、静电放电等。实验室中常见的引燃条件如下。

(1)电线中的电流超过安全电流,过载产生高温,烤燃周围的物体。

(2)设备与线路装置不当引起短路,导致温度急剧上升,产生电火花。

(3)绝缘不良造成漏电,漏电量达到一定程度,产生高温或电火花。

(4)仪器开关或温度控制器接触不良,电流时断时续,产生电弧。

(5)电气设备或电线被浸湿,表面形成导电膜而漏电,漏电加剧后产生电火花。

(6)静电放电引起易燃易爆物品、蒸气或粉尘爆炸。

(7)雷击放电引起火灾、爆炸。

(二)电气安全管理

1. 安全职责

为了加强实验室电气安全管理,预防火灾,减小火灾危害,杜绝感电事故的发生,应落实安全第一负责人,落实实验室防火、防爆等安全措施,定期开展安全、防火、各类仪器的使用等培训,做好保护工作,加强实验人员的安全意识,提高他们的理论水平和处理紧急事故的能力。

2. 安全培训

(1)每年都应对实验人员进行实验室电气安全培训。

(2)培训结束后应对参加培训的人员进行笔试、口试、实际操作等多样化的考核。

(3)实验人员要熟悉所有仪器设备的安全操作规程。

(4)实验人员要熟练使用各类灭火工具和掌握人员防护措施。

3. 仪器设备的安全管理

(1)供电线路(特别是实验室供电线路)和各种用电设备的安装均应合乎安全用电规范,供电线路与用电设备必须每学期检查1次。

(2)仪器设备应定位存放,放仪器设备的实验台至少与墙距离50 cm,以便于操作与维修。室内要有良好的通风或安装通风设施。一些大型精密仪器需稳定电源,配备独立控制的空调和除湿机,做好防尘、防潮、防压、防挤、防变形、防热、防晒、防磁、防震等工作,并有灭火设备,灭火器要定期更换。

(3)实验室所用仪器设备的线路绝缘必须合乎规定并且完好无损,走线合理、整齐。使用延长线时要考虑是否会绊倒他人,应整理好并隐藏,使用后及时收起。

(4)实验室的电气设备必须装有可熔保险或自动开关设施。

(5)实验室内不得有裸露的电线,闸刀开关应完全合上或断开,以防接触不好产生电火花而引起易燃物爆炸,拔下插头时应用手捏住插头拔,不得只拉电线。

(6)仪器设备通电前应确保供电电压符合规定的输入电压。配有三相电源插头的仪器设备必须插入带接地保护的供电插座中,以保证安全。大功率电器必须单独设回路,各回路间完全隔离,零线、地线回路不得在配电箱以外串接。

(7)领用、外借、归还仪器设备时必须通过管理人员,办理登记手续,并检查仪器设备的完好情况。

(8)仪器设备应存放在干燥、通风之处,并经常进行保养与维护。待用时间过长的仪器设备应定期通电开机,防止潮霉损坏仪器设备及其零部件。

(9)实验室停止供电、供水时应将电源、水源开关全部关上,以防恢复供电、供水时由于开关未关而发生事故。离开实验室时应检查门、窗、水、电、气是否关闭。

4. 环境要求

1)接地安全

将电力系统或电气装置的某一部分经地线连接到接地极称为接地。接地无特殊要求时,工作接地与保护接地宜共用一组接地装置,电阻不宜大于 10 Ω。

对一些精密分析测试仪器、贵重仪器,为保证人和仪器的安全,屏蔽外界电磁场对仪器的干扰,稳定仪器的电气零点,都要求单独接地,一般电阻要求在 4 Ω 以下。

2)环境温湿度和电压的要求

实验室的环境温湿度对大多数理化实验影响不大。为使仪器保持良好的使用性能,实验室的温度应控制在 15~30 ℃,精密仪器室的温度应控制在 18~25 ℃,湿度小于 70%。各种电气设备和电线应始终保持干燥,不得浸湿,以防短路引起火灾或烧坏电气设备。

对电压的要求为:电源电压 220×(1±10%)V,电源频率 50 Hz,必要时配备附属设备(如稳压电源等);为保证供电不间断,可采用双电源供电;应设计有专用地线,接地电阻小于 4 Ω。

3)防雷要求

实验室一般应安装多点接地的避雷针,接地电阻不大于 10 Ω。实验设备应与防雷装置并联,在正常情况下防雷器应处于开路状态,一旦遭遇雷击,电压升高,防雷器形成通路,对地放电使过电压迅速消失后又重新处于开路状态,从而保证电气设备的安全。

当雷电来临时,实验人员应离开照明线、动力线、电话线、各种天线和与其相连的各种设备,以防止这些线路和设备对人体二次放电。同时,应关闭门窗,防止球形雷侵入室内造成危害。

5. 电气事故紧急处理措施

(1)在实验过程中万一出事,不要惊慌,如涉及人身安全,应尽力保护学生,尽量让学生先疏散出去,同时实事求是、科学地分析事故发生的原因,排除故障,不要使学生感到恐惧,害怕做实验。

(2)一旦有人员触电,应立即切断电源。在触电者脱离电源之后,迅速将触电者转移到空气流通的地方急救,进行人工呼吸,有危险者应立即送往医院。

(3)实验室应配备必要的灭火设备。如遇电线短路起火,一定要沉着,不要惊慌,应立即关掉电源、气源、通风机,用四氯化碳灭火器灭火。在切断电源之前,忌用水和二氧化碳泡沫灭火器灭火,以免造成触电等新的事故。如火势过大,应及时报警。

二、气体钢瓶使用安全

(一)气体钢瓶的标记

气体钢瓶一般用于储存液化气体、溶解气体和压缩气体,故具有物理上的危险性和潜在的化学上的危险性,危险程度取决于气体的种类。使用气体钢瓶前,必须明确获悉钢瓶中储存的气体的种类。不同种类的气体钢瓶颜色不同,但均标有特定内容物的名称。若气体钢瓶上的字迹不清晰,不得使用。

(二)气体钢瓶的安全使用注意事项

如果气体钢瓶泄漏,实验室中该气体的浓度会迅速升高,大大增加中毒、火灾和爆炸的风险。即便是惰性气体(如氮气、氩气)泄漏,也可能致使空间内的氧分压降低,造成实验人员缺氧窒息。钢瓶内的气体储存了大量的势能,如果瓶体或气阀破裂,钢瓶将可能变成一枚火箭或炸弹。因此,使用气体钢瓶一定要注意安全。

(1)气体钢瓶应存放在钢瓶专用柜中,应保持通风、阴凉、干燥且远离热源。可燃性气体钢瓶应与氧气钢瓶分开存放。

(2)使用压缩气体时,实验人员需要佩戴护目镜、手套,穿长袖实验服、不露脚趾的鞋。

(3)搬运气体钢瓶时要小心轻放,在运送过程中要确保钢瓶固定牢固并加上保护帽。切忌滚动运送钢瓶。

(4)气体钢瓶周围切忌放置还原性物质或易燃有机物。如氧气钢瓶的阀门沾上油脂可能引发爆炸。

(5)实验装置与气体钢瓶之间应安装减压阀和压力表,不要直接连接气体钢瓶阀门。可燃性气体(如 H_2、C_2H_2)钢瓶的气门螺丝为反丝;不燃性或助燃性气体(如 N_2、O_2)钢瓶的气门螺丝为正丝。压力表一般不可混用。

(6)减压阀、盘管等要与气体钢瓶匹配,如不匹配绝不能强行安装,且接合口不要涂润滑油,不要焊接。

(7)气体钢瓶安装好配件后或进行维修、调整等操作之后,需要使用测漏液检查减压阀、盘管连接处和管线系统是否有气体泄漏,不漏方可使用。普通气体可以用肥皂水作为测漏液,氧气、一氧化二氮需要用专用的测漏液。

(8)使用气体时要确保气阀完好。开启阀门时,实验人员应站在与气体钢瓶出口垂直的位置,绝不可将头或身体正对阀门,以防阀门或压力表冲出伤人。

(9)不可将气体钢瓶内的气体用完,否则可能混入空气,导致重新充气时发生危险。不燃性气体应留 0.05 MPa 以上的残余压强;可燃性气体应留 0.2~0.3 MPa;氢气应留 2 MPa。

(10)气体钢瓶如果长期不用,应该关闭主气阀,取下减压阀,加上保护帽后安全地存储。

(11)气体钢瓶应定期检查。装一般气体的钢瓶应每 3 年检查 1 次,装腐蚀性气体的钢瓶应每 2 年检查 1 次,不合格的钢瓶不可继续使用。

第六节　实验室急救与逃生

实验室经常存有强酸、强碱、醇等化学药品,若操作不当,可能引起人体损伤或中毒;易燃物品若储存不当,则容易引起火灾,造成烫伤、骨折等;此外,实验室中有许多大型的电子仪器设备,极易造成触电事故。掌握一定的急救和逃生知识,可将实验室意外安全事故的损失减到最小。

一、实验室中毒的急救方法

（一）一般中毒的急救方法

1. 吞食

（1）为了降低胃中毒物的浓度，延缓毒物被人体吸收并保护胃黏膜，可让中毒者饮用下述任一物品：牛奶，打溶的蛋、面粉、淀粉、土豆泥的悬浮液，水等。

（2）用手指或筷子刺激中毒者的喉头或舌根，使其呕吐。

（3）向 500 mL 蒸馏水中加入 50 g 活性炭，饮用前再添加 400 mL 蒸馏水，充分摇动润湿活性炭，让中毒者分次少量吞服。一般 10~15 g 活性炭大约可吸收 1 g 毒物。

注：2 份活性炭、1 份氧化镁和 1 份丹宁酸的均匀混合物称为万能解毒剂，将 2~3 茶匙此药剂加入 1 杯水中调成糊状，即可服用。

2. 吸入

（1）立刻将中毒者转移到空气新鲜的地方，解开衣服，放松身体。

（2）当中毒者呼吸能力减弱时，要马上进行人工呼吸。

3. 皮肤沾着

（1）用自来水不断冲洗皮肤。

（2）一面脱去衣服，一面往皮肤上浇水。

（3）不要使用化学解毒剂。

（二）常用化学药品中毒的急救方法

1. 强酸中毒

强酸包括 HNO_3（发烟硝酸、浓硝酸）、H_2SO_4（无水硫酸、发烟硫酸、浓硫酸）、HCl（浓盐酸）、HSO_3Cl（氯磺酸）、$HClO_4$（高氯酸）等。

强酸若与有机物或还原性物质混合，往往会发热而着火。浓的强酸（如盐酸、硫酸、硝酸等）具有强烈的刺激和腐蚀作用，可使人体的蛋白质与角质溶解或凝固，造成组织灼伤，灼伤后组织收缩变脆，极易穿孔。强酸烟雾可致呼吸道黏膜损伤，喉咙疼痛。皮肤、黏膜接触强酸时有腐蚀、变色现象。

（1）注意事项。

不要用破裂的容器盛装；要保存于阴凉的地方。

（2）应急处理。

吞服强酸后，立刻饮用 200 mL 氧化镁悬浮液，或者 3%~4% 的氢氧化铝凝胶 60 mL，或者 0.17% 的氢氧化钙溶液 200 mL，或者牛奶、植物油、水等，迅速把毒物稀释；然后饮用十多个打溶的蛋作为缓和剂。禁止催吐、洗胃，忌服碳酸氢钠或碳酸钠，因为碳酸氢钠或碳酸钠会产生二氧化碳气体。

皮肤沾着强酸后，立即用大量的水冲洗 15 min，如果立刻进行中和，会产生中和热，有进一步扩大伤害的危险；经水冲洗后，再用碳酸氢钠之类的稀碱液、盐水或肥皂进行洗涤。若为硝酸烧伤,用硼酸或漂白粉溶液冲洗;若为铬酸烧伤,用稀硫代硫酸钠溶液冲洗。

强酸进入眼睛后,撑开眼睑,用水洗涤 15 min。若眼部烧伤,用清水冲洗后涂以抗生素眼膏。

2. 强碱中毒

强碱包括 NaOH(氢氧化钠)、KOH(氢氧化钾)等。

强碱可迅速吸收组织内的水分,并与组织蛋白结合形成冻胶状的碱性蛋白盐,与脂肪组织结合形成皂类,造成严重的组织坏死,亦可引起穿孔。误饮强碱溶液,可引起胃肠道黏膜坏死。

皮肤沾着强碱后,立刻脱去衣服,尽快用大量的净水冲洗至皮肤不滑为止;然后用经水稀释的醋酸或柠檬汁等进行中和;最后用 2% 的硼酸湿敷包扎。若沾着生石灰,应先用油类除去生石灰;若进入眼睛,应先撑开眼睑,用水连续洗涤 15 min,然后涂以抗生素眼膏。

误服强碱后,立即口服 500 mL 稀的食醋(1 份食用醋加 4 份水)或鲜橘子汁,但碳酸盐中毒时忌用;然后服用润滑剂或吃柔软的食品,如橄榄油、生鸡蛋清、稀饭、牛奶(均为冷食)。急救时忌催吐、洗胃。

3. 醇中毒

醇一般经呼吸道、胃肠道和皮肤吸收,主要作用于神经系统,具有显著的麻醉作用,毒性差异较大。醇在人体内可经氧化解毒,其毒性作用时间长短取决于氧化速度。如乙醇在人体内氧化最快,异丙醇也很快,而甲醇极慢,有明显的蓄积作用。

(1)甲醇中毒。甲醇在人体内会抑制某些氧化酶系统,抑制糖的需氧分解,使无氧酵解增加,乳酸和其他酸性代谢产物积聚,发生酸中毒,并对呼吸道黏膜有强烈的刺激作用。甲醇的致命量为 30~60 mL。

甲醇中毒者可用 1%~2% 的碳酸氢钠溶液充分洗胃;然后转移到暗房,以抑制二氧化碳的结合能力。为了防止酸中毒,每隔 2~3 h 吞服 5~15 g 碳酸氢钠;为了阻止甲醇的代谢,在 3~4 d 内每隔 2 h 以 0.5 mL·kg^{-1} 的数量饮服 50% 的乙醇溶液。

(2)乙醇中毒。乙醇属微毒类,但麻醉作用比甲醇大,对中枢神经系统有抑制作用,会引起延髓血管运动中枢和呼吸中枢麻痹。乙醇可经人体内脱氢酶的作用氧化为一氧化碳和水排出体外。

乙醇中毒者可用自来水洗胃,除去未吸收的乙醇;然后一点点地吞服 4 g 碳酸氢钠。

(3)乙二醇中毒。乙二醇属低毒类,能很快在消化道内被吸收,并在肝酶的作用下氧化生成草酸,草酸与钙结合可引起低血钙,乙二醇及其代谢的中间产物乙醇醛可抑制葡萄糖代谢和蛋白质合成,并能特异地抑制中枢神经系统,对人的心、肺、肾等脏器有直接毒性作用。乙二醇的口服致死量为 70~100 mL。

乙二醇中毒者可用洗胃、服催吐剂或泻药等方法除去吞食的乙二醇;然后静脉注射 10% 的葡萄糖酸钙 10 mL,使乙二醇转变为草酸钙沉淀;同时对中毒者进行人工呼吸。

二、实验室其他常见事故的急救方法

(一)烧烫伤的急救方法

在实验中烧烫伤并不少见,火焰、热水、强酸、强碱等都可造成不同程度的烧烫伤,轻者小面积皮肤潮红、起水疱,重者大面积皮肤烧焦,肌肉、骨骼坏死,导致残疾,甚至危及生命。如能在现场对伤者进行正确的急救,可以大大地降低伤残率和死亡率。

1. 小面积、轻度烧伤

对烧伤皮肤面积不足全身体表面积的 10% 或二度以下的烧伤,可采取以下措施。

(1)若局部皮肤发红或有水疱,立即用自来水冲洗,或将烧伤部位浸泡在干净的冷水里30 min 左右,或采用冷敷的方法,以减轻疼痛,限制伤势的发展。

(2)一度烧伤,用清水冲洗后局部涂食用油或正红花油、烫伤膏,无须包扎。

(3)二度烧伤,若有水疱,可将针用火灼烧数秒或用 60 度的白酒、75% 的乙醇消毒后刺破水疱,放出疱液,切忌剪除表皮。

(4)如水疱已经破裂,表皮起层脱落,不要撕揭,应尽量保留,仅去除污染、烧焦的表皮。创面用生理盐水或氯己定液冲洗,揾干后涂烫伤膏。

2. 较严重的烧伤

当烧伤皮肤面积占全身体表面积的 10% 以上或属于二度以上烧伤,并伴有呼吸道烧伤时,急救措施如下。

(1)尽快使伤者安全脱离现场。迅速检查伤者,估计烧伤的严重程度,优先处理危及生命的问题。若发生窒息可将粗针头从伤者的环甲膜处刺入气管内,以维持呼吸;也可用小刀割开气管,插入竹管等维持呼吸,以暂时缓解窒息对生命的威胁。

(2)立即冷却烧伤部位,以降低皮肤的温度。用冷水冲洗烧伤部位 10~30 min 或用冷水浸泡烧伤部位直到无痛的感觉为止。

(3)尽快脱去或剪去着火的衣服或被热液浸渍的衣服。被热液烫伤时,应先冷却再脱去或剪去衣服,否则会将已游离的表皮连同衣服一并撕下来,造成严重的后果。

(4)不要给口渴的伤者喝白开水。

(5)妥善保护创面。将干净的纱布、被单、衣服覆盖在创面上,以保护表皮,尽量不要弄破水疱,寒冷季节要注意保暖。烧伤创面上切不可涂抹红药水、甲紫、酱油等,以免掩盖烧伤程度,对后期治疗产生不利影响。

(6)尽快将伤者送往医院进一步治疗。搬运时伤者应取仰卧位,搬运者动作应轻柔,行进要平稳,并随时观察伤者的情况,对途中发生呼吸、心搏停止者,应就地抢救。

(二)触电事故的应急处理

1. 脱离电源

当发现有人触电时,不要惊慌,首先要尽快切断电源。注意:救人者千万不要用手直接去拉触电的人,以防止发生救人者触电事故。

应根据现场的具体条件果断采取适当的脱离电源的方法和措施,一般有以下几种。

（1）如果开关距离触电地点很近,应迅速关闭开关,切断电源,并应准备充足的照明设备,以便进行抢救。

（2）如果开关距离触电地点很远,可用绝缘体把电线切断。

注意:应切断电源侧（即来电侧）的电线,且切断的电线不可触及人体。

（3）当电线搭在触电人身上或被触电人压在身下时,可用干燥的木棒、木板、竹竿或带有绝缘柄（手握绝缘柄）的工具迅速将电线挑开。

注意:千万不能使用金属棒或湿的东西去挑电线,以免救人者触电。

（4）如果触电人的衣服是干燥的,而且不是紧缠在身上,救人者可站在干燥的木板上,或用干衣服、干围巾等把自己的一只手作严格绝缘包裹,然后用这只手拉触电人的衣服,把他拉离带电体。

注意:千万不要用两只手拉触电人,不要触及触电人的皮肤,不可拉触电人的脚。此方法只适用于低压触电的抢救,绝不能用于高压触电的抢救。

2. 脱离电源后的处理

（1）触电人如神志清醒,应让其就地躺下,暂时不要站立或走动,并严密监视。

（2）触电人如神志不清,应使其就地仰面躺下,确保其气管通畅,并以 5 s 的时间间隔呼叫触电人或轻拍其肩部,以判断其是否丧失意识,禁止摇动触电人的头部呼叫触电人。要坚持就地正确抢救,并尽快联系医院进行抢救。

（3）触电人如丧失意识,应在 10 s 内用看、听、试的方法判断其呼吸、心博情况。

看:看触电人的胸部、腹部有无起伏。

听:耳贴近触电人的口,听有无呼气的声音。

试:先试测触电人的口鼻有无呼气的气流,再用两根手指轻触颈动脉,看其有无搏动。

若看、听、试的结果是既无呼吸又无动脉搏动,可判定呼吸、心搏已停止,应立即用心肺复苏法进行抢救。

三、火灾逃生和常用消防器材的使用

当实验室发生火灾时,为避免出现严重伤亡,需要掌握一些最基本的火灾逃生知识。

（一）火灾基本逃生方法

1. 毛巾捂鼻法

火灾烟气具有温度高、毒性大的特点,其蔓延速度是人奔跑速度的 4~8 倍,吸入后很容易引起呼吸道烫伤、中毒或窒息死亡,因此在疏散时应用湿毛巾捂住口鼻,以起到降温、过滤作用。不要顺风疏散,应迅速逃到上风处躲避烟气的侵害。由于着火时烟气大多聚集在上部空间,有向上蔓延快、横向蔓延慢的特点,因此在逃生时不要直立行走,应尽量将身体贴近地面匍匐（或弯腰）前进。

2. 遮盖护身法

将浸湿的棉大衣、棉被、门帘、毛毯、麻袋等遮盖在身上,确定逃生路线后,以最快的速度直接冲出火场,到达安全地点,但要注意捂鼻护口,防止一氧化碳中毒。

3. 管线下滑法

如果多层楼着火,楼梯处的烟气势头特别猛烈,可借助建筑外墙或阳台边上的落水管、电线杆、避雷针引线等竖直管线下滑至地面,但应注意一次下滑的人数不宜过多,以防在逃生途中因管线损坏而坠落。也可将绳索、消防水带、床单撕成条连接,一端紧拴在牢固的门窗或重物上,顺其滑下。

4. 封隔法

如果走廊或对门、隔壁的火势比较大,无法疏散,可退入一个房间内,将门缝用毛巾、毛毯、棉被、褥子或其他织物封死,并不断往上浇水进行冷却,以防止外部的火焰、烟气侵入,达到抑制火势蔓延、延长获救时间的目的。

5. 卫生间避难法

发生火灾时,若实在无路可逃,可利用卫生间进行避难,因为卫生间湿度大、温度低。可将水泼在门上、地上进行降温,也可将水从门缝向门外喷射,达到降温、抑制火势蔓延的目的。

6. 被迫跳楼逃生法

如无条件采取上述自救方法,而时间又十分紧迫,烟火威胁严重,低楼层可采用被迫跳楼逃生法逃生,但首先要向地面上抛下一些厚棉被、沙发垫,以增加缓冲,然后手扶窗台往下滑,以减小跳楼高度,并保证双脚首先落地。

7. 火场求救法

首先,卧着呼救比站着呼救效果好,一是声音可以向四周扩散,二是可以防止浓烟的危害,不至于因为被呛而无法呼救。其次,如果声音实在不易被人听见,白天可以挥动鲜艳的衣衫、毛巾等,晚上可用点燃的物品、手电等发光物传出呼救信号。最后,在实在没有办法的情况下,可以采用向楼下扔花盆、水壶等声响大或引人注意的东西,敲打可产生较大声响的金属物品等办法引起救援人员注意。

（二）火场逃生原则和路径的选择

1. 火场逃生原则

火场逃生的基本原则是:安全撤离,救助结合。

（1）安全撤离。火场中的人员应抓住有利时机,就近、就便利用一切可以利用的地形、工具,迅速撤离危险区域。

（2）救助结合。一是自救与互救相结合。在火灾现场,不仅要尽快有序地撤离现场,而且要帮助需要帮助的人,切忌乱作一团,否则会堵塞通道,酿成大祸。二是逃生与抢险相结合。火情千变万化,如不及时消除险情,就可能造成更多人员伤亡。因此在条件许可时,要千方百计地消除险情,延缓火灾发生的时间,减小火灾的规模。三是救人与救物相结合。在所有情况下,救人始终是第一位的,绝不要因为抢救个人贵重物品而贻误逃生良机。

2. 逃生路径的选择

首先,有必要了解人们在火场中逃生时容易选择的路径,大致有以下倾向。

(1)归宿性:即往自己最熟悉的地方逃生。

(2)日常习惯性:即从日常最常用的楼梯或出口逃生。

(3)敞开性:即向开阔或空间较大的地方逃生。

(4)就近性:即向最先进入视野或最近的地方逃生。

(5)本能回避危险性:即本能地远离火和烟的方向。

(6)盲从性:即追随大多数人逃生的方向。

(7)自认安全方向性:即沿着自己认为安全的路径逃生,如低层跳楼等。

(8)理智分析:即能够冷静分析险情、危险性,进退有度,上下有据,安全撤离。

以上各种逃生倾向中最可取的当然是理智分析,但要做到临灾不惧,处惊不乱,除了具有较强的心理承受能力外,还须熟悉以下内容。

1)立即采取防烟措施

当感到烟、火刺激时,无论附近有无烟雾,均要采取防烟措施。常用的防烟措施是用毛巾捂住口鼻,若用干毛巾,则折叠层数越多,防烟效果越好。用湿毛巾防烟效果更佳,一般来说,毛巾越湿,效果越好,但毛巾过湿易造成呼吸困难,且当毛巾含水量为本身质量的1.5~2.5倍时,由于毛巾的编织线因湿变细,空隙增大,防烟效果反而差于干毛巾。

使用毛巾捂口鼻时,一定要使过滤烟的面积尽量大,确实将口鼻捂严实。穿过烟雾区时,即使感到呼吸阻力增大,也不能拿开毛巾,因为一旦拿开就可能导致中毒。

2)疏散逃离火场

疏散逃离火场时,一定要沉着、冷静,克服慌乱、紧张的心理。可用毛巾捂住口鼻,选择一条切实可行的逃生路径,如经常使用的门、窗、走廊、楼梯、太平门、出口等。在打开门、窗之前,必须摸摸门、窗是否发热,如果已经发热,就不能打开,要选择其他路径;如果不热,也只能小心地打开少许并迅速通过,然后快速关闭。当实在无法辨别方向时,应该先向远离烟火的方向疏散,尽量不向楼上撤离。疏散时要树立时间就是生命、逃生第一的思想,逃生要迅速,动作越快越好,切不要因寻找、搬运财物而延误时间。

逃生时不要向狭窄的角落退避,如床下、墙角、桌子底下、大衣柜里等;通过浓烟区时,要尽可能以最低姿势或匍匐姿势快速前进,并用湿毛巾捂住口鼻;要注意随手关闭通道中的门、窗,以阻止和延缓烟雾向逃离的通道流窜;如果身上着火,应迅速将衣服脱下,就地翻滚将火压灭,但应注意不要翻滚得过快,更不要身穿着火的衣服跑动;如附近有水池,可迅速跳入水中。

3)不要乘坐普通电梯

第一,发生火灾时常常会因断电而造成电梯"卡壳",给救援工作增加难度;第二,电梯口直通大楼各层,烟气流入电梯通道极易形成"烟囱效应",人在电梯内会被浓烟、有毒气体熏呛而窒息。

（三）常用消防设施

建筑物内的消防设施、设备和灭火器材均是为了保证消防安全的,一旦发生火情,它们将起到报警,引导疏散,阻止火势蔓延和扑救火灾的作用。所以必须了解这些消防设施、设备和灭火器材的性能和使用方法,并确保它们长期处于良好状态。

建筑物内设置的消防设施、设备和灭火器材有以下几种。

1. 防火报警设备

防火报警设备用于监测火灾。防火报警设备的手报按钮和烟感探头一般安装在人员集中的场所或重点部位,一旦出现火情,它将发出火灾报警信号。

2. 应急照明灯和疏散指示标识

应急照明灯和疏散指示标识用于引导人们疏散。应急照明灯和疏散指示标识一般安装在疏散通道内或安全出口处,一旦发生火灾,供电中断,人们可利用应急照明灯提供的照明按照疏散指示标识指示的方向疏散到安全地点。

3. 疏散通道和安全出口

疏散通道和安全出口用于紧急疏散。安全出口设在人员集中的场所,在正常情况下它是关闭的,但遇紧急情况时它必须能及时打开。疏散通道必须随时保证畅通,一旦发生火灾,人们能及时地通过疏散通道和安全出口疏散到安全地点。

4. 防火门

防火门用于阻止火势蔓延。防火门一般安装在建筑物的楼道里,它将建筑物分隔成若干个防火区域,并安装有闭门器,以保证常处于关闭状态。一旦发生火灾,它可隔断浓烟和有毒气体并阻止火势蔓延。

5. 消火栓

消火栓用于扑救火灾。消火栓分为室外消火栓和室内消火栓,室外消火栓设在建筑物周围,室内消火栓设在建筑物内。消火栓是扑灭火灾的主要水源,一旦发生火灾,可在消火栓上接上水带取水灭火。

6. 灭火器

灭火器用于扑救初期火灾。建筑物的各个部位均应配备足够数量的灭火器,一旦发现火情,可用附近的灭火器进行扑救。

上述消防设施、设备和灭火器材只有在确保通畅、良好的情况下,才能保证出现火情后人们及时顺利地疏散和有效地扑救,将人员伤亡和火灾损失减到最小。

（四）消火栓的性能和使用方法

1. 消火栓的性能

消火栓是与自来水管网直接连通的,随时打开都会有一定压力的清水喷出。它适合扑救木材、纸、棉絮类火灾。

2. 消火栓的使用方法

室内消火栓一般设置在建筑物公共部位的墙壁上,有明显的标识,内有水带和水枪。当发生火灾时,应找到离火场最近的消火栓,打开或击碎消火栓箱门,取出水带,将水带的一端接在消火栓出水口上,另一端接好水枪,拉到起火点附近后方可打开消火栓阀门。

注意:在确认火灾现场供电已断开的情况下,才能用水进行扑救。

(五)灭火器的性能和使用方法

目前常见的灭火器有清水灭火器、泡沫灭火器、干粉灭火器、二氧化碳灭火器等。灭火器按移动方式分为手提式、推车式、悬挂式和投掷式等。

1. 干粉灭火器

干粉灭火器分为磷酸铵盐(俗称 ABC)干粉灭火器、碳酸氢钠(俗称 BC)干粉灭火器。

(1)使用方法:先拔出保险栓,再压下压把,将喷嘴对准火焰根部灭火。应注意的是,使用前先把灭火器上下颠倒几次,使筒内的干粉松动。用干粉灭火器扑救固体火灾时,应将喷嘴对准燃烧最猛烈处左右扫射,并尽量使干粉灭火剂均匀地喷撒在燃烧物表面,直至把火扑灭。因干粉的冷却作用甚微,灭火后一定要防止复燃。

(2)适用范围:BC 灭火器适于扑救易燃、可燃液体、气体和带电设备的初期火灾;ABC 灭火器除可用于扑救上述火灾外,还可扑救固体物质的初期火灾;但干粉灭火器都不能扑救轻金属火灾。

2. 二氧化碳灭火器

(1)使用方法:先拔出保险栓,再压下压把(或旋动阀门),将喷嘴对准火焰根部灭火。应注意的是,使用时最好戴上手套,以免皮肤接触喷筒和喷射胶管造成冻伤,如果电压超过 600 V,应先断电后灭火。

(2)适用范围:适于扑救易燃、可燃液体,可燃气体,低压电气设备,仪器仪表,图书档案,工艺品,陈列品等的初期火灾;扑救棉麻、纺织品火灾时要注意防止复燃;不可用于扑救轻金属火灾。由于二氧化碳灭火时不污损物件,灭火后不留痕迹,所以二氧化碳灭火器更适于扑救精密仪器和贵重设备的初期火灾。

第三章 实验室常用仪器

第一节 生物显微镜

生物显微镜用来观察生物切片、生物细胞、细菌和活体组织培养、流质沉淀等,也可以观察其他透明、半透明物体和粉末、细小颗粒等。其使用方法如下。

1. 取用和放置

从镜箱中取出显微镜时,必须一手握持镜臂,一手托住镜座,保持镜身直立,切不可用一只手倾斜提着,以防止摔落目镜。要轻取轻放,放置时使镜臂朝向自己,距桌子边沿5~10 cm。要求桌子平稳,桌面清洁,避免阳光直射。

2. 开启光源

打开电源开关。

3. 放置玻片标本

将待镜检的玻片标本放置在移动台上,使其中的材料正对聚光镜中央;然后用弹簧压片夹住玻片的两端,以防止玻片标本移动;再通过调节玻片移动器或移动台将材料移至正对聚光镜中央的位置。

4. 低倍观察

用显微镜观察标本时,应先用低倍物镜找到物像。因为低倍物镜观察范围大,容易找到物像并定位到需进行精细观察的部位。方法如下。

(1)转动粗准焦螺旋,使镜筒下降,用眼从侧面观察,直到低倍物镜距标本0.5 cm左右。

(2)慢慢转动粗准焦螺旋,使镜筒渐渐上升,从目镜中观察,直到视野内的物像清晰为止;然后改用细准焦螺旋稍加调节焦距,使物像最清晰。

(3)微调移动台或玻片移动器,找到欲观察的部分。要注意显微镜视野中的物像通常为倒像,移动玻片时应向相反的方向移动。

5. 高倍观察

若想增大放大倍数,可在低倍观察的基础上进行高倍观察。方法如下。

(1)将欲观察的部分移至低倍物镜视野的正中央,物像要清晰。

(2)旋转物镜转换器,将高倍物镜移到正确的位置,随后稍微调节细准焦螺旋,即可使物像清晰。

(3)微调移动台或玻片移动器,定位欲仔细观察的部位。

注意:使用高倍物镜时,由于物镜与标本之间距离很近,因此不能动粗准焦螺旋,只能调细准焦螺旋。

6. 换片

观察完毕,如需换另一玻片标片,则需转回低倍物镜,取出玻片换新片,稍加调焦,即可观察。不允许在高倍物镜下换片,以防损坏镜头。

第二节　集热式磁力搅拌器

集热式磁力搅拌器是利用磁性物质同性相斥的特性,通过内部磁场不断变化推动磁性搅拌子转动,依靠磁性搅拌子转动带动溶液旋转,使溶液混合均匀的一种仪器。

集热式磁力搅拌器适用于加热、搅拌或加热与搅拌同时进行的操作,适用于黏稠度不是很大的液体或固液混合物。其有温度和转速控制装置,使用时要缓慢转动旋钮,用后应把旋钮调回原位,并注意防潮。

集热式磁力搅拌器的使用方法如下。

(1)按顺序组装仪器,把装有待搅拌溶液的烧杯或圆底烧瓶放在加热盘正中。

(2)把搅拌子放在溶液中,将恒温传感器插入溶液中,接通电源。

(3)将搅拌速度由低调到高,不允许直接以高速挡启动,以免搅拌子不同步而跳动。

(4)不工作时应切断电源,以确保安全。

第三节　循环水式真空泵

一、功能与用途

循环水式真空泵是以循环水为工作流体,利用流体射流产生的负压进行喷射的真空泵。其可为蒸发、蒸馏、结晶、干燥、升华、过滤、减压、脱气等过程提供真空条件,在化工、医药、生化、食品、农药等行业均有广泛的应用。

二、使用方法

(1)打开水箱上盖,注入冷水(亦可经由放水软管加水),当水面即将升至水箱背面的溢水嘴的下限高度时停止加水。

(2)将需要抽真空的设备的抽气套管紧密套接于真空泵的抽气嘴上,关闭循环开关。

(3)接通真空泵的电源,打开启动开关,即可开始抽真空操作,可通过与抽气嘴对应的真空表观察真空度。

循环水式真空泵的极限真空度受水的饱和蒸气压限制。设备长时间作业,水温会升高,从而影响真空度。此时可将设备背面的放水口(下口)与自来水接通,通过溢水口(上口)排水。适当控制流量即可保持水箱内水温不升,真空度稳定。

第四节 旋转蒸发仪

旋转蒸发仪主要用于在减压条件下连续蒸馏大量易挥发性溶剂,可以分离和纯化化合物,尤其适用于萃取液的浓缩和色谱分离时接收液的蒸馏。旋转蒸发仪的基本原理是减压蒸馏,就是在减压的情况下,当溶剂蒸馏时,蒸馏烧瓶连续转动。

一、仪器装置

蒸馏烧瓶是带有标准磨口接口的梨形或者圆底烧瓶,通过高度回流的蛇形冷凝管与减压泵连接。冷凝管的另一个接口与带有磨口接口的接收烧瓶相连,用于接收蒸发的有机溶剂。在冷凝管与减压泵之间有一个三通活塞,当体系与大气相通时,可以将蒸馏烧瓶、接收烧瓶取下,转移溶剂;当体系与减压泵相通时,体系处于减压状态。

二、工作原理

通过电子控制,使烧瓶以最适宜的速度恒速旋转,以增大蒸发面积。通过真空泵使蒸馏烧瓶处于负压状态。蒸馏烧瓶在旋转的同时置于水浴锅中恒温加热,使瓶内的溶剂在负压下加热、扩散、蒸发。旋转蒸发仪可以密封减压至 400~600 mmHg,用水浴法加热蒸馏烧瓶中的溶剂,加热温度可接近该溶剂的沸点;还可同时进行旋转,转速为 50~160 r/min,使溶剂形成薄膜,增大蒸发面积。此外,在高效冷却器的作用下,热蒸气可迅速液化,以增大蒸发速率。

三、基本结构

（1）马达:通过马达带动盛有样品的蒸馏烧瓶旋转。

（2）蒸发管:有两个作用,首先起到样品旋转支撑轴的作用,其次利用真空系统将样品吸出。

（3）真空系统:用来降低旋转蒸发仪的气压。

（4）流体加热锅:在通常情况下是用水加热样品。

（5）冷凝管:使用双蛇形冷凝管或者冷凝剂(如干冰、丙酮)冷凝样品。

（6）冷凝样品收集瓶:样品冷却后进入收集瓶。

四、使用方法

（1）冷凝管上有两个外接头,是接冷却水用的,一头接进水,另一头接出水。一般使用自来水作为冷却水,温度越低,效果越好。冷凝管上端口接真空泵抽真空。

（2）向流体加热锅中注满纯化水。

（3）调节仪器高低:手动升降时,转动机柱上面的手轮,顺时针转时仪器上升,逆时针转时仪器下降;电动升降时,手触"上升"键时仪器上升,手触"下降"键时仪器下降。

（4）开机前先将调速旋钮往左旋到最小转速,按下电源开关(指示灯亮),然后慢慢往右旋至需要的转速。一般大蒸馏烧瓶用中低转速,黏度大的溶液用较低的转速。溶液量一般以不超过烧瓶容积的50%为宜。

（5）使用仪器时应先减压,再启动电动机旋转蒸馏烧瓶;实验结束时应先关闭电动机,再通大气,以防蒸馏烧瓶在旋转中脱落。

五、注意事项

（1）玻璃件接装时应轻拿轻放,安装前应先洗干净,然后擦干或烘干。

（2）磨口仪器的密封面、密封圈和接头安装前都需要涂一层真空脂。

（3）流体加热锅通电前必须加水,不允许无水干烧。

（4）如无法抽真空,则需检查:①各接头的接口是否密封;②密封圈、密封面是否有效;③主轴与密封圈之间的真空脂是否涂好;④真空泵、橡胶管是否漏气;⑤玻璃件是否有裂缝、碎裂或损坏。

第五节　显微熔点仪

一、功能与用途

药物的熔点是药物由固态变为液态的温度。在有机化学、药物化学领域,测定熔点是辨别药物本性的基本手段,也是检查药物纯度的重要手段。严格地说,熔点是在大气压下物质的固液两相达到平衡时的温度。通常纯的有机化合物或原料药物具有确定的熔点,而且固体从初熔到全熔的温度范围(称为熔程或熔距)很小,一般为0.5~1 ℃。但是如果样品中含有杂质,就会导致熔点下降、熔程变大。因此,通过测定熔点、观察熔程,就可以很方便地鉴别未知物,并判断其纯度。

显微熔点仪广泛应用于医药、化工等领域的生产化验和检验,也广泛应用于高等院校、科研院所等单位对单晶、共晶等有机物质的分析,对工程材料和固体物理的研究,还可用于观察物质在加热状态下的形变、色变、三态转化等物理变化过程。

二、使用方法

（1）对待测样品进行干燥处理。把待测样品研细,用干燥剂干燥,或者用烘箱直接快速烘干。

（2）取适量待测样品(不多于0.1 mg)放在一片载玻片上,使其分布得薄而均匀,盖上另一片载玻片,轻轻压实,然后放置在加热单元中心。

（3）上下调节显微镜,从目镜中能看到加热单元中心的待测样品的轮廓时停止调节;然后调节调焦手轮,直至能清晰地看到待测样品的像为止。

（4）打开电源开关,测温仪显示出加热单元的即时温度。

（5）设置起始温度并升温。根据待测样品的熔点控制调温旋钮"1"或"2"，以期在达到待测样品的熔点前的升温过程中，前段（距熔点 40 ℃左右）升温迅速（以最高电压加热），中段（距熔点 10 ℃左右）升温减缓，后段（距熔点 10 ℃以下）升温平稳（约每分钟升 1 ℃）。

（6）通过显微镜仔细观察待测样品的熔化过程，记录初熔和全熔时的温度，用镊子取下样品，完成一次测定。如需重复测定，只需将散热器放在加热单元上，将电压调为零或切断电源，使温度降至熔点以下 40 ℃即可。

（7）精密测定时，多次测定计算平均值。

（8）测定完毕应及时切断电源，待加热单元冷却至室温后，清理仪器并使其复原，以备下次使用。

第六节　单冲压片机

片剂的生产方法有粉末直接压片法和制粒后压片法两种。压片机是片剂制备必需的设备，直接影响到产品的质和量。其结构类型很多，但工艺过程和原理都近似。常用的压片机按结构可分为单冲压片机和旋转压片机。单冲压片机具有体积小、噪声低、片重差异小、操作方便等特点，且物料的填充深度、压片的厚度均可连续调节，为制备科研用、制剂用实验室片剂的首选设备。

一、基 本 结 构

单冲压片机由中模、加料斗、饲料器、出片调节器、片重调节器、压力调节器、中模平台等组成。

（一）中模

中模是压片机的主要工作元件，是压制药片的模具，包括上冲、模圈、下冲三个零件，上冲、下冲的结构相似，冲头直径相等且与模圈的模孔相配合，可以在模孔中自由滑动，但药粉不会泄漏。中模按结构可以分为圆形和异型（包括多边形和曲线形）。

（二）加料斗

加料斗用于储存压片用颗粒或者粉末，不断补充原料，以便连续压片。

（三）饲料器

饲料器用于将颗粒或者粉末填满模孔，将下冲头顶出的片剂拨入接收器中。

（四）出片调节器

出片调节器位于下冲杆上方，用于调节下冲上升的高度，使下冲头端恰与模圈上缘相平，进而将压成的片剂从模孔中顶出，以利于饲料器推片。

（五）片重调节器

片重调节器位于下冲杆下方，通过调节下冲在模孔内下降的深度调节模孔的容积，从而控制进入模孔的原料的量,以调节片重。当下冲下降时,模孔的容积增大,药物填充量增加;相反,当下冲上升时,模孔的容积减小,片剂量也减少。

(六)压力调节器

压力调节器位于上冲杆上,可调节上冲下降的高度,以调节压力的大小和片剂的硬度。上冲、下冲距离越近,压力越大,片剂的硬度越大;反之,压力小,片剂厚而松。

(七)中模平台

中模平台的主要功能是固定模圈。

二、安装与拆卸

(1)安装下冲。旋松下冲的紧固螺栓,转动手轮使下冲插入下冲芯杆的孔中,注意使下冲杆的斜面缺口对准下冲的紧固螺栓,要插到底,但不要拧紧。

(2)安装中模平台。将模圈平稳地置于中模平台上,同时使下冲进入模圈的孔中,借助中模平台的3个紧固螺栓固定,但不要拧紧。

(3)安装上冲。旋松上冲的紧固螺母,把上冲插入上冲芯杆中,要插到底,然后紧固螺母。

(4)转动手轮,使上冲缓慢地下降到模圈中,观察有无碰撞或摩擦现象,若发生碰撞或摩擦,旋松中模平台的紧固螺栓(2个),调整中模平台的固定位置,使上冲顺利进入模圈中,再旋紧中模平台的紧固螺栓。

(5)顺序旋紧中模平台的3个紧固螺栓,然后旋紧下冲的紧固螺栓。

(6)调节出片调节器。缓慢地转动压片机的转轮,使下轮上升到最高位置,旋松调节螺母紧固螺栓,用拨杆调整环形的调节螺母,使下冲的上表面与中模孔的上表面平齐,旋紧调节螺母紧固螺栓。

(7)调节片重调节器。旋松填充紧固手柄,顺时针旋转填充手轮,填充量增大,片剂量增加;逆时针旋转填充手轮,填充量减小,片剂量减少。片重调节完成后,旋紧填充紧固手柄。

(8)调节压力调节器。旋松紧固螺栓,用调压扳手顺时针旋转齿轮轴,压片压力增大,药片厚度减小;逆时针旋转齿轮轴,压片压力减小,药片厚度增大。压力调节完成后,将紧固螺栓旋紧。

(9)装好饲料器、加料斗,转动压片机的转轮,如上冲、下冲移动自如,则安装正确。

(10)压片机的拆卸顺序与安装顺序相反,拆卸顺序如下:加料斗→饲料器→上冲→中模平台→下冲。

三、工作原理

饲料器移动到模孔之上,下冲降至预先调好的适宜深度,饲料器中的颗粒或者粉末顺势流入并填满模孔;饲料器由模孔上方移开,使模孔中的颗粒或粉末与模孔上缘相平;上冲下降并将待压颗粒或者粉末压制成型,压片后上冲抬起,下冲随之上升到恰与模孔上缘相平,饲料器又移动到模孔之上,将药片推入接收器中,同时下冲下降,模孔内又填满颗粒或粉末进行第二次饲料,如此反复进行。

四、使用方法

单冲压片机为小型台式连续压片机,既可以手动操作又可以电动操作,广泛用于实验室、小型生产中压制各种片剂。

单冲压片机安装完毕后加入待压颗粒或者粉末,转动转轮,试压数片,称其片重,调节片重调节器,使压出的片重与设计片重相等,同时调节压力调节器,使压出的片剂有一定的硬度。调节适当后启动电动机进行试压,检查片剂的片重、硬度、崩解时限等,达到要求后方可正式压片。

在压片过程中应该经常检查片重、硬度等,发现异常应立即停机进行调整。

五、注意事项

(1)机器只能按照手轮或防护罩上的箭头所示的方向旋转,不可反转,以免损坏机件,在压片调整时尤须注意。

(2)装好各部件后摇动飞轮时,上冲、下冲头应无阻碍地进出模圈,且无特殊噪声。

(3)调节出片调节器的时候,使下冲上升到最高位置与中模平台平齐,用手指触摸时应略有凹陷的感觉。

(4)装中模平台时紧固螺栓不要拧紧,待上、下冲头装好并在同一竖直线上,而且能在模孔中自由升降时,再旋紧紧固螺栓。

(5)装上冲时,要在中模上放一块硬纸板,以防止上冲突然落下损坏上冲和中模。

(6)装上、下冲头时,一定要把上、下冲头插到冲芯杆底,并将紧固螺栓旋紧,以免启动机器时上、下冲杆不能上升、下降,从而造成叠片、松片、损坏冲头等现象。

第七节　智能崩解试验仪

崩解指某些口服固体制剂在规定的条件下崩解成碎粒,并全部通过筛网(不溶性包衣材料或破碎的胶囊壳除外)。如有少量不能通过筛网,但已软化或轻质上浮且无硬心,可按符合规定论。

口服固体制剂崩解是药物溶出的前提,崩解时限是《中华人民共和国药典》(以下简称《中国药典》)所规定的该制剂允许崩解或溶散的最长时间。

智能崩解试验仪是根据《中国药典》中有关片剂、胶囊剂、滴丸剂、丸剂等的崩解时限的规定而研制的药检仪器。

凡规定检查溶出度、释放度或分散均匀性的制剂,不再进行崩解时限检查。

一、仪器装置

该仪器采用单片微型计算机控制系统,通过集成温度传感器对水浴进行恒温控制;通过3个同步电动机带动3组吊篮做升降运动,并对它们的运动时间进行控制。当设定的检测过程结束时,如果检测、控制系统发生故障,水浴温度超高、超低,仪器均发出声、光警示信号,并具有自动保护功能。

智能崩解试验仪的主要结构为能升降的金属支架与下端镶有筛网的吊篮,并附有挡板。能升降的金属支架上下移动的距离为(55 ± 2)mm,往返频率为 30~32 次/min。

二、崩解时限检查法

(一)片剂

将吊篮通过上端的不锈钢轴悬挂于金属支架上,浸入 1 000 mL 的烧杯中,调节吊篮的位置,使其下降时筛网距烧杯底部 25 mm,烧杯内盛装温度为(37 ± 1)℃的水(或规定的液体),调节液面高度,使吊篮上升时筛网在液面下 15 mm 处。注意:吊篮顶部不可浸没于液体中。

除另有规定外,取供试品 6 片,分别置于吊篮的玻璃管中,启动智能崩解试验仪进行检查,各片均应在规定时间内全部崩解。如有 1 片不能完全崩解,应另取 6 片复试,结果均应符合规定。若供试品漂浮,则加挡板。如供试品黏附挡板,应另取 6 片,不加挡板按上述方法检查,结果均应符合规定。除不溶性包衣材料外,待查的片剂应全部通过筛网。如有少量不能通过筛网,但已软化或轻质上浮且无硬心,可判为合格。

(二)胶囊剂

除另有规定外,取供试品 6 粒,按片剂的检查装置与方法检查(如胶囊漂浮于液面上,可加挡板),各粒均应在规定时间内全部崩解。如有 1 粒不能完全崩解,应另取 6 粒复试,结果均应符合规定。除破碎的胶囊壳外,待查的胶囊剂应全部通过筛网。如有少量不能通过筛网,但已软化或轻质上浮且无硬心,可判为合格。

三、使用方法

(一)开机、设定温度和加热

1. 开机

水浴箱注水到规定的高度,按下电源开关接通电源,此时电源指示灯亮,时间显示窗显示"00:00",温度显示窗显示水浴的实际温度,水浴箱内的水开始循环流动。

2. 设定温度

仪器自动设置温度为 37 ℃,需要改变预置温度时,先按一下"+"或"-"键显示出预置值,接着每按一下"+"或"-"键可增大或减小 0.1 ℃,持续按键可快速增大或减小。预置温度可在 5~40 ℃的范围内任意设定,但设定值应高于室内的环境温度,设定完毕后将重新显示实测水温。

3. 加热

若设定的预置温度确认无误,按一下"启/停"键,加热指示灯亮,仪器进入加热控温状态,水浴温度逐渐升至预置温度并保持恒温,加热指示灯指示加热工作状态,温度显示窗显示实测水温。

水浴温度达到预置温度并稳定于恒温状态后方可开始崩解实验。若实测烧杯内液体的温度比显示的温度偏低,可适当提高预置温度。

(二)设定时间

仪器有三组吊篮,可同时进行崩解实验。仪器自动设定预置时间为 15 min,通过控制时间的"+"或"−"键、"启/停"键可进行时间的预置和实验的各种操作。

(三)准备溶液

按"升/降"键使吊臂停在最高位置,以便装取烧杯和吊篮。向各个烧杯内分别注入所需的液体,然后将其放入水浴箱的杯孔中。再将各个吊篮分别放入烧杯内,并悬挂在支臂的吊钩上。应注意,此时杯外的水位不应低于杯内的水位,否则水浴箱应补充水。

(四)崩解实验

水浴温度稳定在恒温设定值后,杯内液体的温度稍后也将稳定于规定值,此时即可进行崩解实验。将待测药剂放入吊篮的玻璃管内,必要时放入挡块(注意排出挡块下面的气泡,以免其浮出液面)。然后按"升/降"键使吊篮升降。实验定时终止前 1 min,蜂鸣器自动鸣响 3 声,并且时间显示窗中左边的两位开始闪烁,此时应观察各个吊篮的玻璃管中药剂的崩解状况。实验定时终止后,吊篮自动停止在最高位置。

(五)结束实验

按下电源开关断电,从水浴箱中取出烧杯与吊篮,处理溶液,清洗仪器,放置备用。

四、注意事项

(1)应将仪器置于平稳、牢固的工作台上,要求工作环境无振动,无噪声,干燥、通风。
(2)水浴箱中无水时,严禁启动电源加热,否则会损坏加热器。
(3)供电电源应有地线且接地良好。
(4)崩解实验完毕,应关闭电源开关。若较长时间不用仪器,应拔下电源插头。

第八节　片剂硬度仪

片剂应有适宜的硬度,以免在包装、运输过程中破碎或磨损。片剂的硬度是反映片剂的生产工艺水平、质量的一项重要指标。

一、仪器装置

片剂硬度仪是专门用于测量固体制剂的硬度的药检仪器,广泛用于教学、科研和药检。该仪器智能化程度高,采用高精度荷重传感器和液晶显示屏,显示内容丰富,易于观察。其对片剂的硬度既可自动连续测量又可手动测量,并可以对实验结果进行统计、分析、显示。

二、使用方法

(1)将仪器放置在平稳的工作台上,避免振动影响测量精度。

(2)接通电源,打开电源开关,电源开关上的灯亮,仪器进入自检程序,若自检正常,液晶显示屏显示"按任意键进入主菜单",仪器可以投入正常使用。

(3)在开始任何实验前都需要进行参数设置,对测量方式、测量片数、测量单位、硬度上限、硬度下限、等待时间、日期、时间、语言等参数进行设置。

(4)主菜单参数设置完成后,将药片放在滑动板上,按"开始"键即可开始实验。仪器会自动测量出样品的硬度、直径。实验结束后,液晶显示屏上显示实验数据和统计结果,如果安装了打印机可将结果打印出来。

(5)测量结束后,用毛刷将探头、工作台清理干净,关闭电源。

三、注意事项

(1)仪器应平稳放置,防止振动。

(2)仪器在使用前要预热 15 min。

(3)禁止用水清洗压力头、滑动板和压力传感器的受压面。

(4)禁止用硬质毛刷清理仪器,以免损伤仪器。

(5)每次测量完成后,加力头返回初始位置时,应清除样品残片,并放入下一个待测样品。

(6)在测量过程中,测量值超出预置值的上限、下限时会有蜂鸣提示,且仪器会暂停工作。

第九节 脆碎度测定仪

片剂受到振动或摩擦之后易发生碎片、顶裂、破碎等情况,直接影响片剂的生产、包装、运输和使用。脆碎度可反映片剂的抗振动、抗磨损能力,是片剂质量标准的重要检测项目之一。因此,脆碎度是反映片剂质量的一项重要指标。《中国药典》规定必须对片剂进行脆碎度检查。

一、仪器装置

仪器附有透明耐磨塑料圆筒,筒内有一个自中心轴套向外壁延伸的弧形隔片,圆筒转动时片剂滚动。圆筒固定于同轴的水平转轴上,转轴与电动机相连,转速为(25 ± 1)r/min。每转动一圈,片剂会滚动或滑动至筒壁或其他片剂上。

二、使用方法

片剂脆碎度检查法检查片剂在规定的脆碎度测定仪圆筒中滚动 100 次后质量减小的百分数,用于检查片剂的脆碎情况和物理强度,如压碎强度。

(一)准备

将清洁、干净的仪器放置在平稳、牢固的工作台上,仪器四周应留有足够的空间,要求环境无振动,无噪声,温度、湿度适宜,无腐蚀性气体。

(二)通电

接通电源,指示灯亮,打开电源开关,听到一声鸣响,仪器便自动进入常规的工作状态,时间显示 4 min(04:00)。

(三)装样品

按《中国药典》中片剂脆碎度检查法的有关规定,片重为 0.65 g 或以下者取若干片,使总重约为 6.5 g;片重大于 0.65 g 者取 10 片。用吹风机吹去脱落的粉末或颗粒,精确称重。取下设备上的防脱钮,将装药轮鼓沿着转轴的方向慢慢拔出,鼓盖朝上放置在平软的台面上,打开鼓盖,放入样品,然后把轮鼓重新安装到转轴上,注意左右两轮鼓不可调换,轮鼓上的定位孔对准定位销,推入装好,装上防脱钮,转动 100 次。

(四)设定时间

若进行常规测试,仪器已预置好 4 min(100 次),不需要改动;若有特殊需要,可通过"▲"键或"▼"键调整时间,每按一次时间延长或缩短 1 min。

(五)测试

以上工作完成后按"启动"键,测试开始,轮鼓匀速(25 r/min)转动,仪器自动计时。仪器以倒计时的方式工作(显示剩余工作时间),待时间显示"00:00"时,电动机自动停止工作,同时有蜂鸣声提示,然后仪器自动返回初始状态,准备进行下一次测试。

(六)结束

旋开防脱钮的固定螺丝,取下防脱钮,摘下轮鼓,取出样品,如前所述除去松散的粉末或颗粒,精确称重,样品质量减小的百分数不得超过 1%,且不得检出断裂、龟裂、粉碎的片。

本实验一般仅进行 1 次。如质量减小的百分数超过 1%,应复检 2 次, 3 次数据的平均值不得超过 1%,并不得检出断裂、龟裂、粉碎的片。

三、注意事项

(1)可以通过调节仪器四角的螺丝使仪器保持水平、平稳。

（2）如片剂在圆筒中不规则滚动，可调节圆筒的底座，使其与桌面成 10° 的角，则实验时片剂不再聚集，能顺利下落。

（3）由于形状或大小在圆筒中严重不规则滚动或采用特殊工艺生产的片剂不适合采用本法检查，可不进行脆碎度检查。对易吸水的片剂，操作时应注意防止吸湿（通常控制相对湿度小于 40%）。

第十节　溶出试验仪

一、工作原理

溶出度指活性药物成分在规定条件下从片剂、胶囊剂或颗粒剂等制剂中溶出的速率和程度，对缓释制剂、控释制剂、肠溶制剂、透皮贴剂等制剂也称为释放度。对部分难溶性药物而言，崩解时限合格并不一定能保证药物成分快速而完全地溶解出来。因此，《中国药典》对有些药物规定了溶出度检查，凡检查溶出度的制剂，不再进行崩解时限检查。

溶出试验仪是专门用于检测口服固体制剂（片剂、胶囊剂、颗粒剂等）的溶出度的药物实验仪器，它能模拟人体的胃肠道环境，配合适当的检测方法可检测出药物制剂的溶出度。它是一种检测药物制剂的内在质量的体外实验装置，广泛用于药物的研究、生产和检验。

《中国药典》收载了溶出度与释放度测定方法，分别为篮法、桨法、小杯法、桨碟法和转筒法。

二、使用方法

（1）向水浴箱内注水至水线标志。

（2）把电源线甩出端的圆形插头插入有地线的 AC220 V 电源插座中。

（3）开机：按下仪器面板左端的电源开关，水泵启动，水浴箱中的水开始流动；在温度窗中，"水温"指示灯亮，数码显示水浴箱中水的实际温度；在时钟窗中，"常规"指示灯亮，数码显示预置常规取样时间 1 h；在转速窗中，"预置"指示灯亮，数码显示初始预置转速 100 r/min。

（4）水温控制。

观察显示的实际水温，若与要求的控制温度相差甚远，可适量更换水浴箱内的水，以缩短达到恒温状态所需的时间。

①控温和预置。按一下"选择"键，"控温"和"预置"指示灯亮，"水温"指示灯灭，表示仪器进入自动控温状态，同时进入温度预置状态，数码显示初始预置温度 37 ℃。用户可根据工作需要和对水浴温度与杯内温度之差的具体经验，通过升温键"∧"和降温键"∨"调整预置温度。

②控温和水温。再按一下"选择"键，"控温"指示灯仍亮，"预置"指示灯灭，"水温"指示灯亮，数码显示当前水浴箱中水的实际温度。这表明再按一次"选择"键不会中断仪器的自动控温状态。待达到恒温状态后，便可开始实验。

③重新预置。如果达到恒温状态后发现杯内温度不符合要求,可再次按"选择"键,仪器再次进入控温和预置状态,可进行温度的重新预置。再按一下"选择"键,仪器再次进入控温和水温状态。这种调整预置温度的过程可以反复进行。

(5)时钟控制。

"选择"键是一个三态键,但该键不控制"计时"指示灯的亮灭。只有转轴开始运行时,"计时"指示灯才亮。

①常规取样时间预置状态。开机后仪器便处于常规取样时间预置状态,如果常规取样时间不是 1 h,可通过增时键"∧"或减时键"∨"调整预置常规取样时间。

②周期取样时间预置状态。按一下"选择"键,"常规"指示灯灭,"周期"指示灯亮,数码显示 5 min,仪器进入周期取样时间预置状态。如果不需要周期取样,可不予理睬。如果需要调整预置周期取样时间,按增时键"∧"或减时键"∨"便可实现。

③累计计时状态。再按一下"选择"键,"周期"指示灯灭,"常规"指示灯仍灭,仪器进入累计计时状态。如果"计时"指示灯处于灭的状态,数码显示"0.00",表示尚未开始溶出实验;如果"计时"指示灯亮,数码显示的是自实验开始起到现在的累计时间。

④再次按"选择"键时,"常规"指示灯亮,仪器再次进入常规取样时间预置状态,如此可不断循环。运行时,只要在达到原设定的取样累计时间之前,就可以重新设定取样时间,但如果重新设定的取样时间小于当前的计时值,本次取样仍按原设定时间进行,重新设定的取样时间只对以后的取样有效。

⑤数码显示可在 0.00~9.59 的范围内循环变化,当预置取样时间或累计计时时间超过10 h,譬如为 12 h 时,可预置或计算 10 h 以外的时间,使之显示 2.00 即可,当然这需要人为记住已经过去的 10 h。

⑥设定的常规取样时间或周期取样时间到后,蜂鸣器断续响 30 s,操作者应在该时间内完成取样。

(6)转速控制。

①如前所述,开机后转速控制处于 100 r/min 的预置状态,若需要重新预置,只要按增速键"∧"或减速键"∨"即可,数码显示可在 25~200 r/min 的范围内循环变化。

②当准备工作就绪开始溶出实验时,按一下"选择"键,则"预置"指示灯灭,"运行"和"计时"指示灯亮,数码显示的是当前转轴的实际转速,并迅速稳定在预置转速上。

③再次按"选择"键时,转轴停转,"运行"和"计时"指示灯灭,"预置"指示灯亮,又进入转速预置状态,并且再次启动转轴时,又从零开始计时。所以操作者一定要在实验前设定好预置转速,一旦正式开始实验,就不要触动转速窗中的"选择"键。

(7)当需要更换水浴箱中的水时,在出水嘴上更换上附件箱中的放水管便可放水。

第十一节 锥入度测定仪

锥入度测定仪用于软膏剂和眼膏剂黏稠度的测定,黏稠度以锥入度表示。锥入度指利用自由落体运动,在 25 ℃下将一定质量的锥体从锥入度测定仪上释放,锥体在 5 s 内下落后刺入待测试样的深度。锥入度的最小单位为 0.1 mm。ZHR-2 锥入度测定仪的设计符合《中国药典》中关于锥入度测定法的要求。其配备有三种锥体和三种对应的容器,采用非接触式传感器,避免了锥体下降时产生的摩擦阻力。测试时,锥体自动释放、自动计时;测试完成后,锥体可自动复位,实现了测量过程自动化。

一、安 装

（1）把仪器置于工作台上,连接仪器后面板上的电源线。

（2）调节仪器支脚并观察水准泡,使仪器水平。

（3）打开电源开关,仪器面板显示主菜单,同时照明灯点亮。

二、使 用

（1）安装锥体。连接锥体和锥杆,将其置于滑套中,由释放片挑起。

（2）调整锥尖高度。把装有待测试样的容器置于仪器底座上,在主界面中选择"仪器设定",进入仪器设定界面。平台升降分为粗调和微调两种,锥体升降只有微调有效。平台粗调使用"▲"和"▼",按一次电动机转动,按钮图标变为"■",再按一次电动机停止转动。平台微调的"升""降"键可以微调平台的升降,升降距离大约为 0.01 mm。按"+""-"可以改变测试时间。按"复位"键锥体可进行复位操作。"自动待测"键可使锥体自动下降至传感器的测量范围,按锥体升降的"升""降"键可以调节锥体上升或下降,锥体升降调节距离大约一次为 5 mm。在按过"自动待测"键,锥体已经下降至传感器的测量范围后,软件将自动记录锥体的下降位置。借助仪器上的照明光源,仔细观察锥尖及其在试样表面的影像,使锥尖恰好接触到试样表面。

注意:"自动待测"键在该界面是一次有效的,在退出该界面并重新进入后才能再次使用。

（3）中心校正。如果要求锥尖落于容器中心,在实验前应进行中心校正。把定位块装于移动平台中心处,但先不要紧固螺钉,然后放置与容器等高的中心校具,通过旋转定位块使锥尖恰好落于中心校具上表面的中心孔处,最后紧固螺钉,以定位块定位放置容器,便可保证锥尖落于容器中心。

（4）释放锥体。在主界面中选择"测试",进入测试界面。调节好锥尖位置后,按"启动"键可以启动一次测试。锥杆释放片自动摆开,锥体、锥杆以自由落体的方式下降,锥体在 5 s 时刺入试样的锥入度显示在测试界面中。完成一次测试后按"复位"键,锥体将自动复位,复位后按"待测"键,锥体自动下降至软件所记录的锥体位置,使用者无须再次调节锥体下降的位置。按"打印"键可以打印测试结果,仪器能自动记录 6 次测试结果,超过 6 次软件将清除所有记录,并重新开始计数,不足 6 次,但退出该界面进入仪器设定界面,并按"复位"键,软件也会重新开始计数。

（5）数据统计。在主界面中选择"数据报告",进入数据报告界面。数据报告界面显示所有测试数据,并显示实验日期和时间。按"统计"键,进入数据统计界面,该界面显示实验数据的统计结果,并可打印出来。按"删除"键可以删除选择的数据。按"退出"键可退出本界面。

（6）时间设定。在主界面中选择"维护",进入时间设定界面。时间设定界面显示现在仪器的时间,如需调整,可使用界面右侧的小数字键盘进行修改,通过小数字键盘输入的数字在顶部的输入框中显示,输入完成后按"√"即可,然后按"确认"键进行保存。

三、维护

（1）锥体的导杆部分应经常用酒精擦拭,以保证锥体下落滑动快。

（2）每次实验后应小心清洁锥体,切勿磕碰锥尖。

（3）导杆支撑块为活动部件,每次更换锥体和导杆时请注意不要遗失。

第十二节　药物稳定性试验箱

一、工作原理

药物稳定性试验箱是依据《中国药典》中原料药与药物制剂稳定性实验指导原则的要求研制的药物稳定性实验专用设备。其可考察原料药或药物制剂在特定温度、湿度的影响下随时间变化的规律,为药品的研制、生产、包装、储存、运输提供科学依据,同时通过药物稳定性实验确定药品的有效期,是药品生产、科研、检验部门的专用设备。

二、使用方法

（1）开机。首先将仪器的电源插头插在插座上,合上断路器,接通电源。开机后电磁阀自动打开,向加湿盒内注水,待水注满后电磁阀自动关闭。仪器配有温度、湿度两块仪表,仪表的"PV"窗口分别显示工作室的测量温度、湿度。

（2）温度、湿度的预置。按一下"PAR"键后立即放开,进入参数预置状态,"PV"窗口显示"Set","SV"窗口中出现闪烁的数字,可通过"▲""▼"键修改数值,通过"◀"键调整闪烁位。设置完毕后,再按一下"PAR"键后立即放开,退出参数预置状态。

（3）实际测量值的校准。按住"PAR"键 3 s 后放开,进入参数设定状态,"PV"窗口显示"Loc","SV"窗口中显示该参数的当前值。连续数次按"PAR"键,直到"PV"窗口显示"oSet","SV"窗口中显示偏差值,此时更改偏差值,使仪表测量值＝实际测量值＋偏差值。再次按住"PAR"键 3 s 后放开,返回控制状态。

（4）关机。将断路器断开。

（5）特殊情况说明。当需要样品室的温度与周围环境一致时,可在打开样品室门的同时将换气口上盖拧松,这样可以使样品室尽快与环境状况一致。如仪器较长时间不使用,也可拧松换气口上盖,以保持样品室干燥。仪器使用时应将换气口上盖拧紧。如单做高温

（高于室温）实验,无须控湿,将仪器背面的压缩机开关扳至 OFF 位置切断制冷电源。

（6）报警处理。当仪器的温度、湿度高于设定值 3 ℃、5% RH 时,仪器自动报警,红色指示灯闪烁,并有蜂鸣声,此时用户应停机检查并及时处理。

第十三节　真空干燥器

真空干燥是将被干燥物料置于真空条件下进行加热,适于干燥不稳定或热敏性物料。

真空干燥设备分为静态干燥器和动态干燥机。物料在静态干燥器内干燥时处于静止状态,形体不会损坏,干燥前还可以进行消毒处理;物料在动态干燥机内干燥时不停地翻动,干燥更均匀、充分。

真空干燥器利用真空泵抽气、抽湿,使工作室处于真空状态,物料的干燥速度大大加快,同时节省了能源。此外,真空干燥器有良好的密封性,所以适于干燥需回收溶剂和含强烈刺激性气体、有毒气体的物料。

第十四节　离心机

一、工作原理

含有细小颗粒的悬浮液静置时,由于重力场的作用悬浮的颗粒逐渐下沉。此外,物质在介质中沉降时还伴随有扩散现象(布朗运动)。扩散速度与物质的质量成反比,颗粒越小扩散越严重;沉降速度与物质的质量成正比,颗粒越大沉降越快。

微粒在重力场中移动的速度与微粒的大小、形态、密度有关,还与重力场的强度、液体的黏度有关。尺寸小于几微米的微粒,如病毒、蛋白质等在溶液中呈胶体或半胶体状态,仅仅利用重力是不可能观察到其沉降过程的,所以需要利用离心机产生的强大离心力迫使其克服布朗运动进行沉降。

二、使用方法

离心机是利用离心力将悬浮液中的固体颗粒与液体分开的机械。工业用离心机按结构和分离要求可分为过滤离心机、沉降离心机和分离机三类。离心机的作用原理有离心过滤和离心沉降两种。离心过滤是使悬浮液在离心力场中产生的离心压力作用在过滤介质上,使液体通过过滤介质成为滤液,而固体颗粒被截留在过滤介质表面,从而实现液固分离;离心沉降是利用悬浮液(或乳浊液)密度不同的各组分在离心力场中迅速沉降分层的原理实现液固(或液液)分离。

一般根据固体颗粒的质量和密度选择合适的离心方法。分离效果除了与离心机的种类、离心方法、过滤介质和密度梯度有关外,还与离心机的转速、离心时间、过滤介质的 pH 值和温度等条件有关。

三、注意事项

使用离心机时,必须事先在天平上精密地平衡离心管和其内容物,转头中绝对不能装载单数的离心管,当转头部分装载时,离心管必须对称地放在转头中;装载溶液时,要根据离心机的具体操作说明进行操作;严禁使用显著变形、损伤或老化的离心管;若要在低于室温的温度下离心,转头在使用前应放置在冰箱中或置于离心机的转头室内预冷;在离心过程中操作者不得离开,应随时观察离心机上的仪表是否正常工作,如有异常的声音应立即停机检查,及时排除故障。

第十五节　冷冻干燥机

冷冻干燥(冻干)是利用升华的原理进行干燥的一种技术,是使被干燥的物质在低温下快速冻结,然后在适当的真空环境下使冻结的水分子直接升华成为水蒸气逸出的过程。

冷冻干燥时,物质在干燥前始终处于低温(冻结)状态,冰晶均匀分布于物质中,在升华过程中不会因脱水而发生浓缩,避免了由水蒸气产生泡沫、氧化等副作用。干燥后物质呈干海绵多孔状,体积基本不变,极易溶于水而恢复原状,最大限度地防止了干燥引发物质理化和生物方面的变性。

冻干机由制冷系统、真空系统、加热系统和电气仪表控制系统组成。冻干机的主要部件有干燥箱、凝结器、冷冻机组、真空泵、加热/冷却装置等。冻干机的工作原理是先将被干燥的物质冻结到三相点以下,然后在真空条件下使物质中的固态水分(冰)直接升华成水蒸气排除,从而使物质干燥。

第十六节　药物透皮扩散试验仪

一、工作原理

将皮肤夹在供给体和接受体之间,通过恒温水循环保持扩散池的恒温工作状态,通过恒速磁力搅拌确保等渗溶液的均匀分布,然后使用弗朗兹(Franz)扩散池进行透皮吸收实验,能够较客观地再现透皮制剂在规定的溶剂中渗透的速度和程度,反映透皮制剂的药物释放过程,是目前国际通行的检测方法之一,已经广泛应用于医疗卫生、生命科学、生物制药、食品化工等领域。

二、使用方法

(1)仪器应放置在平整、牢固的水平工作台上,周围应留有适当的空间,以便于操作。

(2)对号安装连接插线。温度传感器手柄插入仪器背面的座孔内,探头插入水浴箱内。仪器必须保证接地良好。

（3）向水浴箱内注入澄清的水至液面线处,用蒸馏水最佳。切不可无水开机!

（4）恒温水浴箱的加热和控温。将电源开关打开(在仪器背面),电源开关内的氖灯亮,说明仪器已接通电源。设定预置温度,进入加热阶段。

①电源接通后,温度显示屏上显示水浴箱内的实际温度。按住"+"键进行温度预置,2 s后自动切换至预置状态,显示屏上的数字忽亮忽熄。按"+""-"键调节至所需的温度,设置好后按键在2 s内不被触碰即自动切换至实际温度,温度预置完毕。按"启动"键,加热器、水泵开始工作,"启动"键上面的指示灯亮。当实际温度与预置温度一致时,显示屏上的数字右下角的红点忽亮忽熄,加热器停止加热,水浴箱保持恒温状态,即水温始终恒定在预置温度上。

②若在加热过程中需要更改预置温度,按住"+"键2 s后即自动切换至预置状态,其余操作同上。

（5）校正温度传感器。将二级标准温度计与温度传感器同置于水浴箱内,观察一段时间,待两者的温度稳定后,察看温度显示屏与温度计数值是否一致。若不一致,可通过仪器背面的温校电位器进行微调,观察一段时间后无变化即可。若仍有偏差,再进行细调。更换温度传感器后必须重新校正。

（6）调节搅拌转速。按一下电动机开关,转动"调速"旋钮,至显示屏上的显示值与所需的转速一致即可。

（7）实验结束后,关闭电源开关,拔下电源插头。

第十七节　融变时限测试仪

一、工作原理

融变时限测试仪用于检查栓剂或阴道片等固体制剂在规定条件下熔化、软化或溶散的情况,是根据《中国药典》中关于栓剂融变时限检查法的要求而设计的机电一体化产品。

二、使用方法

（1）开机。将仪器的电源开关置于Ⅰ位置,电源指示灯亮,仪器启动,预热约30 min后即可正常使用。

（2）时间控制。仪器开机后自动定时系统处于初始状态,时间自动预置为30 min,时间数码管显示窗显示"030"(单位为 min)。如果需要改变预置时间,可以按一下"时间"键,预置时间变为40 min;再按一下"时间"键,预置时间变为50 min;连续按"时间"键,则预置时间连续改变。时间数码管显示窗显示的时间相应改变。预置时间范围为10~900 min。

（3）温度控制。仪器开机后自动控温系统处于初始状态,温度自动预置为37 ℃,温度数码管显示窗显示水浴箱内液体的实际温度。按一下"控温"键,控温指示灯亮,自动控温系统工作,仪器开始加热并自动控制温度,经过大约30 min,温度稳定在(37 ± 0.5) ℃。

（4）测试。将翻转部件取下；取 3 个试样,在室温下放置 1 h 后,分别放在 3 个金属网架的下层圆板上,装入翻转部件下面的透明套筒内,并用挂钩固定;将盛放好试样的翻转部件垂直浸入盛有不少于 4 L（37 ± 0.5）℃的水的水浴箱中,金属网架的上端应在水面下 90 mm 处;按一下"启动"键,蜂鸣器长响一声且时间数码管显示窗闪烁 5 次,开始测试;时间数码管显示窗显示减数计时, 10 min 后蜂鸣器间歇短响报警约 30 s,此时人工转动手轮,使金属网架翻转一次;如此重复,到预置时间后,时间数码管显示窗显示"000"且蜂鸣器长响,按一下"启动"键,关闭蜂鸣器,时间数码管显示窗显示预置时间,察看此时 3 个试样的熔化、软化或溶散情况。

（5）关机。将仪器的电源开关置于 O 位置,电源指示灯灭,仪器关闭。

（6）维护。必须定期清洁箱体和部件,不要用钢刷清理,否则会损伤仪器。每次测试完毕后,必须将翻转部件等擦拭干净。

第十八节　胶囊填充机

一、工作原理

胶囊填充机集机、电、气于一体,采用微电脑可编程控制器,触摸面板操作,变频调速,配备电子自动计数装置,能自动完成胶囊的就位、分离、填充、锁紧等操作,减小劳动强度,提高生产效率,适于填充各种国产或进口胶囊。

二、使用方法

（1）铝合金有导向口的是 B 机,铝合金无导向口的是 A 机,机体小的是锁合机。

（2）启动 A 机和 B 机只要将三相插头接通电源,按一下配电箱上的绿色开关即可。但在按绿色开关前必须将调压器旋钮的尖嘴对准零。如在尖嘴对着 100 以上时将绿色开关按下,调压器会因不适应而损坏。

（3）A 模板和 B 模板的中间板属随带件,不装配在仪器上。

（4）铝合金板称排列板,排列板下面的板称错位孔板（也称活动板）,其两端装有弹簧,能推动。

（5）活动板下面有两根横着的托条,用于放置模板,放置位置为活动板下面、托条上面。当排列板上排满胶囊时,只要将模板推入,排列板上的胶囊即全部落入模板中（若落得不干净,推入时可以往复多推一次, 动作要快）,这时可踩一下踏脚板,然后将模板取出。A 机和 B 机使用方法相同。

（6）装药粉时可将药粉铺在 B 模板上,刮平除去多余的药粉。有些体松量轻的药粉可用原装的压粉板。

（7）用中间板将装有胶囊 A 头的 A 模板盖上,中间板必须两缺口向上,然后将盖有中间的 A 模板翻过来盖在 B 模板上,板孔对齐,用手向下压,此时胶囊进入预锁状态。

（8）按下绿色开关，此时锁合机还没有开始工作，当将装有药粉的模板从锁合机的压板下面推入碰到行程开关时，压板压下，压一下后即取出模板，锁合机自动停止工作。

第十九节　多功能滴丸机

一、工作原理

多功能滴丸机采用机电一体化紧密型组合方式，集药物调剂供应系统、动态滴制收集系统、循环制冷系统、电气控制系统等于一体。

二、基本结构

以 DWJ-2000S-D 多功能滴丸机为例，其由四个系统组成。

（一）药物调剂供应系统

药物调剂供应系统由保温层、加热层、调料罐、电动减速搅拌机、油浴循环加热泵（电动机为调速电动机，调速时要确保转速不高于 150 r/min ）、药液输出开关、压缩空气输送机构等组成。

将药液与基质放入调料罐内，通过加热搅拌制成滴丸的混合药液，然后用压缩空气将其输送到滴液罐内。

（二）动态滴制收集系统

滴液罐内的药液由滴头滴入冷却剂中，药滴在温度梯度、表面张力的作用下充分收缩成丸。滴丸应外形圆滑，丸重均匀。冷却油泵出口装有节流开关，可通过调节节流开关的开启度控制油泵的流量，使冷却剂在收集过程中保持液位的稳定。

（三）循环制冷系统

为了保证滴丸的圆度，避免滴制时的热量和冷却柱加热盘的热量传递给冷却剂，使其温度受到影响，采用钛合金制冷器控制制冷箱内冷却剂的温度，保证滴丸顺利成型。

（四）电气控制系统

仪器面板上设有电气操作盘和参数显示器。参数的设置简单、直观，可按照提示进行操作。

三、操作步骤

（1）关闭滴头开关。

（2）向油箱内加入所需的冷却剂。

（3）接入压缩空气管道（外径φ8）。

（4）打开电源开关，接通电源；打开滴液罐、冷却柱处的照明灯（这两处设有开关，可根据需求开、关）。

（5）将制冷温度、油浴温度、药液温度和滴盘温度显示器上显示的温度调节到所要求的温度。

（6）按下制冷开关,启动制冷系统。

（7）按下油泵开关,启动磁力泵,并调节柜体左侧面下部的液位调节旋钮,使冷却剂液位稳定。

（8）按下油浴加热开关,启动加热器对滴液罐内的导热油进行加热。

（9）按下滴盘加热开关,启动加热盘对滴盘进行加热。

注意:第一次加热时,应将油浴温度、滴盘温度显示器上显示的温度设置为 40 ℃,加热到 40 ℃时,关闭油浴加热、滴盘加热开关,停留 10 min,使导热油、滴盘的热量适当传导后,再将油浴温度、滴盘温度显示器上显示的温度调节到所需的温度,然后按下油浴加热、滴盘加热开关进行加热,直到温度达到要求。

（10）启动空气压缩机,让其达到 0.6 MPa 的压强（观察仪器上的空滤器压力表）。

（11）药液温度靠油浴调节,当药液温度达到所需值时,将滴头用开水浸泡 5 min 后装至滴液罐下方。

（12）将加热熔融好的滴制滴液从滴液罐上部的加料口加入。在加料时可调节面板上的“真空”旋钮,让滴液罐内形成真空,滴液能迅速地进入滴液罐。

（13）加料完成后,要将加料口盖好（保证滴液罐不漏气）。

注意:滴液罐的玻璃罐处与照明灯处温度较高,不要用手触碰或将怕烫的物品放置在其上,以免烫伤、烫坏。

（14）按下搅拌开关,调节“调速”旋钮,使搅拌器在要求的转速下工作。

注意:①搅拌器不允许长时间工作;②转速不宜过高,一般在指示范围的前 2~4 格内,即 60~100 r/min。

（15）仪器设计有冷却柱升降装置,可根据滴制工艺的不同要求调节滴头下部与液面的距离。

（16）一切准备工作完毕（即制冷温度、药液温度和滴盘温度显示器上显示的温度为要求的值）,方可进行滴丸滴制工作。

（17）缓慢打开滴头开关,需要时可调节面板上的“气压”或“真空”旋钮,使滴头下滴的滴液符合滴制工艺的要求。药液稠时调“气压”旋钮,药液稀时调“真空”旋钮。一旦调好不要随便旋动,以保证丸重均匀。

注意:滴液罐增压操作时必须把有机玻璃窗放下,以保证安全。

（18）药液滴制完毕,首先关闭滴头开关,再按照（12）~（17）步进行下一循环的操作。

（19）当一批滴制滴液全部滴制完成后,关闭面板上的制冷、油泵开关,按加料方法将准备好的热水（≥80 ℃）加入滴液罐内,对滴液罐进行清洗。

（20）清洗时打开搅拌开关,对滴液罐内的热水进行搅拌,使残留的滴液溶入热水中,然后打开滴头开关,使热水从滴头排出。如此反复几次至滴液罐洗净为止。

注意:在清洗滴液罐时,将接盘放在冷却柱上口处,以防热水流入冷却柱内,影响冷却剂的纯度;如药液特殊,无法将滴液罐清洗干净,可拆下滴液罐上部法兰和搅拌电动机底座,用毛刷进行清洗,清洗干净后安装好,以备下次使用。

（21）清洗完成后,关闭电源开关,拔下电源插头,清理仪器表面和工作现场。

第四章　制药工程常用技术

第一节　固液萃取

固液萃取是用适当的溶剂、适当的方法将固体原料中的可溶性组分溶解,使其进入液相,再将不溶性固体与溶液分开的操作,其实质是溶质由固相传递至液相的传质过程。目前,固液萃取在制药领域有着广泛的应用,如中草药有效成分的提取。提取时要将所要的成分尽可能完全提出,将不要的成分尽可能少提出,但用任何一种溶剂、任何一种方法提取得到的提取液和提取物仍然是包含几种化学成分的混合物,需进一步分离和精制。

一、固液萃取的方法

(一)煎煮法

煎煮法是将药材加水煎煮取汁的方法。其一般操作过程如下:将药材适当切碎或粉碎,置于适宜的煎煮容器中,加适量水浸没药材,浸泡适宜的时间后加热至沸腾,浸出一定的时间,分离煎出液,药渣再依法煎煮 2~3 次,收集各煎出液,离心分离或沉降过滤后低温浓缩至规定的浓度。稠膏的相对密度一般热测(80~90 ℃)为 1.30~1.35。为了降低颗粒剂的服用量和引湿性,常采用水煮醇沉淀法,即将水煎出液蒸发至一定的浓度(一般相对密度为 1 左右),冷却后加入 1~2 倍量的乙醇,充分混匀,静置过夜,使其沉淀,次日取其上清液(必要时过滤),沉淀物用少量 50%~60% 的乙醇洗净,洗液与滤液合并,减压回收乙醇后浓缩至一定的浓度,然后移至冷处(或加一定量的水,混匀)静置一定的时间,使沉淀完全,再过滤,滤液低温蒸发浓缩至呈稠膏状。

煎煮法适用于有效成分能溶于水,且对湿、热均较稳定的药材。煎煮法为目前颗粒剂生产中最常用的方法,除醇溶性药物外,所有颗粒剂药物的提取和制稠膏均采用此法。

(二)浸渍法

浸渍法是把药材用适当的溶剂在常温或温热条件下浸泡,使有效成分浸出的方法。其一般操作过程如下:将药材粉碎成粗末或切成饮片,置于有盖容器中,加入规定量的溶剂后密封,搅拌或振荡,浸渍 3~5 h 或规定的时间,使有效成分充分浸出,倾取上清液,过滤,压榨残液,合并滤液和压榨液,静置 24 h,过滤。

浸渍法适用于有黏性、无组织结构、新鲜、易于膨胀的药材,尤其适用于有效成分遇热易挥发或易被破坏的药材。该法具有操作周期长,浸出溶剂用量较大,浸出效率低,不易完全浸出等缺点。

(三)渗漉法

渗漉法是将适当加工的药材粉末装于渗漉器内,从渗漉器上部添加溶剂,溶剂透过药材层往下流动,从而浸出药材的有效成分的方法。其一般操作过程如下:先将药材粉末放在有盖容器内,再加入药材量 60%~70% 的浸出溶剂均匀润湿,密闭,放置 15 min 至数小时,使药粉充分膨胀,以免在渗漉筒内膨胀;取适量脱脂棉,用浸出液润湿后轻轻铺垫在渗漉筒的底部,然后将已润湿膨胀的药粉分次装入渗漉筒中,每次装入后都均匀压平,松紧程度根据药材和浸出溶剂而定,装完后用滤纸或纱布覆盖,并加入一些玻璃珠、石块之类的重物,以免加溶剂时药粉浮起;打开渗漉筒的浸出液出口活塞,从上部缓缓加入溶剂至高出药粉数厘米,加盖放置浸渍 24~48 h,使溶剂充分渗透扩散。溶剂渗入药材细胞中溶解大量可溶性物质之后,浓度、密度增大而向下移动,上层的浸出溶剂或较稀的浸出溶媒置换其位置,形成较大的细胞壁内外浓度差。渗漉法的浸出效果和提取程度均优于浸渍法。渗漉法对药材粒度和工艺条件的要求较高,一般渗漉液的流出速度以 1 kg 药材计算,慢速浸出以 1~3 mL/min 为宜,快速浸出以 3~5 mL/min 为宜。在渗漉过程中应随时补充溶剂,以使药材中的有效成分充分浸出。浸出溶剂用量一般为药材量的 4~8 倍。

(四)回流法

回流法以乙醇等易挥发的有机溶剂为提取溶媒,对药材和提取溶媒进行加热,挥发性溶剂馏出后被冷凝,重新回到浸出器中参与浸提过程,循环进行,直至有效成分浸提基本完全。

(五)水蒸气蒸馏法

水蒸气蒸馏法是将含有挥发性成分的药材与水共蒸馏,使挥发性成分随水蒸气一并馏出,经冷凝分取挥发性成分的方法。该法适用于具有挥发性、能随水蒸气蒸馏而不被破坏、在水中稳定且难溶或不溶于水的药材成分的浸提。水蒸气蒸馏法可分为共水蒸馏法、通水蒸气蒸馏法和水上蒸馏法。

(六)新型萃取方法

超临界萃取、超声波萃取和微波萃取等均属于新型萃取方法,具有效率高、能耗低、提取率高、产品质量好的特点。

二、影响固液萃取的因素

(一)粉碎度

溶剂提取过程包括浸润、渗透阶段,解吸、溶解阶段和扩散、置换阶段,药材粉末越细,药粉颗粒比表面积越大,提取过程进行得越快,提取效率越高。但是粉末过细,颗粒比表面积太大,吸附作用强,反而影响扩散。含蛋白质、多糖成分较多的药材用水提取时,粉末细虽有利于有效成分的提取,但蛋白质和多糖等杂质也溶出较多,使提取液变得黏稠,导致过滤困难,影响有效成分的提取和进一步分离。因此,用水提取时通常先将药材制成粗粉或薄片,用有机溶剂提取时粉末可以略细,以能通过 20 目筛为宜。

(二)温度

温度升高,分子运动加快,溶解、扩散速率增大,有利于有效成分的提取,所以热提常比冷提效率高。但温度过高,有些成分会被破坏,杂质也会增多。故一般加热温度不超过 60 ℃,最高不超过 100 ℃。

(三)提取时间

有效成分的提取量随提取时间延长而增加,直到药材细胞内外有效成分的浓度达到平衡为止,故在生产中不必无限延长提取时间。

第二节 重结晶

重结晶是纯化固体物质的一种重要的、常用的方法,适用于产品与杂质性质差别较大,产品中杂质含量少于 5% 的体系。它的基本原理是,选择合适的溶剂使产品在高温下溶解,在低温下析出,并且对杂质溶解度较小,就可以在高温下将杂质滤出,使滤液在低温下重结晶析出晶体,过滤得纯品;或者选择对杂质溶解度较大的溶剂,在高温下产品和杂质全部溶解,在低温下只有产品析出,过滤即可得到纯品。

重结晶操作过程如下。

一、选择合适的溶剂

在重结晶时,选择合适的溶剂是一个关键问题。必须考虑被溶解物质的成分和结构,结构相似者相溶,不似者不溶。合适的溶剂必须符合下列条件:

(1)不与被提纯物质起化学反应;

(2)在较高温度下能溶解大量被提纯物质,而在室温或低温下溶解度很小;

(3)对杂质溶解度非常大或者非常小,前一种情况是使杂质留在母液中不与被提纯物质的晶体一同析出,后一种情况是使杂质在热过滤的时候被滤去;

(4)易挥发,但沸点不宜过低,便于与晶体分离;

(5)价格低,毒性小,易回收,操作安全。

通常可以通过查阅文献选择合适的溶剂,如果找不到,可用实验方法得到:取 0.1 g 产物置于试管中,滴入 1 mL 溶剂,充分振荡,观察产物是否溶解,若不加热就完全溶解,或者加热至沸腾完全溶解但冷却时无晶体析出,都说明此溶剂不合适;若加热至沸腾还不溶解,可补加溶剂,如果溶剂用量超过 4 mL 产物还不溶解,说明此溶剂也不合适;若 1~4 mL 溶剂加热至沸腾能使产物全部溶解,并在冷却时析出较多晶体,说明此溶剂比较合适。

如果难以选择合适的单一溶剂,可使用混合溶剂。混合溶剂一般由两种能以任何比例混溶的溶剂组成,其中一种溶剂对产物的溶解度较大,称为良性溶剂;另一种溶剂对产物的溶解度较小,称为不良溶剂。操作时,先将产物溶解于沸腾或接近沸腾的良性溶剂中,过滤除去杂质,趁热向滤液中加入不良溶剂至滤液变混浊,再加热或滴加良性溶剂,使滤液变澄清,冷却使晶体析出。如果冷却后析出油状物,可调整两种溶剂的比例,再进行实验。也可先调好两种溶剂的比例,再进行重结晶。常用的混合溶剂有水-乙醇、乙醇-乙醚、乙醇-丙酮、乙醚-石油醚、苯-乙醚等。

二、将粗产物用所选溶剂加热溶解制成饱和或近饱和溶液

当用有机溶剂进行重结晶时,需使用回流装置。将待重结晶的粗样品置于圆底烧瓶或锥形瓶中,加入比需要量略少的溶剂,启动搅拌器,开启冷凝水,加热至沸腾,观察样品的溶解情况。若样品未完全溶解可分次补加溶剂,每次补加后均需再加热使溶液沸腾,直至样品完全溶解。此时若溶液澄清,无不溶性杂质,即可撤去热源,在室温下放置,使晶体析出。

以水为溶剂进行重结晶时,可以烧杯为容器,在磁力搅拌器上加热,其他操作同上,只是需估计并补加因蒸发而损失的水。

如果所用溶剂是水与有机溶剂的混合溶剂,则按照有机溶剂处理。

三、趁热过滤

所得到的饱和溶液中如有不溶性杂质,应趁热过滤,以防止杂质在过滤过程中由于温度降低而析出结晶。过滤完毕,用少量溶剂冲洗一下滤纸,若滤纸上析出的结晶较多,可小心地将结晶刮回抽滤瓶中,用少量溶剂溶解后再过滤。

四、加活性炭脱色

若溶液中存在有色杂质或树脂状物质、悬浮状微粒,难以通过一般过滤除去,可向溶液中加入活性炭脱色剂。活性炭对水溶液脱色效果好,对非极性溶液脱色效果较差。不能向沸腾的溶液中加入活性炭,以免溶液暴沸而溅出。一般来说,应待溶液稍冷后再加入活性炭较安全。

活性炭的用量以能完全除去颜色为度。为了避免过量,应少量多次加入。每加一次后都须再把溶液煮沸片刻,然后用布氏漏斗趁热过滤。如一次脱色效果不好,可用少量活性炭再处理一次。过滤时可用表面皿覆盖漏斗,以减少溶剂的挥发。过滤后如发现滤液中有活性炭,应重新过滤,必要时可以使用双层滤纸。

五、冷却、结晶

静置等待结晶时,必须使过滤的热溶液慢慢地冷却,这样所得的结晶比较纯净。切不可将滤液置于冷水中迅速冷却,因为这样形成的结晶较细,而且容易夹有杂质。有时晶体不易析出,可用玻璃棒摩擦瓶壁或加入少量该溶质的结晶。

如果被提纯物质不析出晶体而析出油状物,那是因为热的饱和溶液的温度比被提纯物质的熔点高或者与其接近。油状物中所含杂质较多,可重新加热溶液至成为清液后让其自

然冷却,开始产生油状物时立即剧烈搅拌使油状物分散,也可搅拌至油状物消失。

六、抽滤、洗涤

通过减压抽滤把结晶从母液中分离出来,用少量溶剂润湿晶体,继续抽滤、干燥。抽滤时,布氏漏斗以橡胶塞与抽滤瓶相连,漏斗下端的斜口正对抽滤瓶的支管,将抽滤瓶与水泵相连。在布氏漏斗中铺一张比漏斗底部略小的圆形滤纸,过滤前用溶剂润湿滤纸,打开水泵,抽气,使滤纸紧贴在漏斗上,把要过滤的混合物倒入布氏漏斗中,使固体物质均匀分布在整个滤纸上,用少量滤液将黏附在容器壁上的结晶洗出,继续抽气,尽量除去母液。当布氏漏斗下端不再滴出溶剂时,拔掉抽滤瓶的接管,关闭抽气泵,过滤得到的固体被称为滤饼。为了除去结晶表面的母液,应洗涤滤饼。将少量干净的溶剂均匀洒在滤饼上,用玻璃棒或刮刀轻轻翻动晶体,使全部结晶刚好被溶剂浸润(注意不要使滤纸松动),打开抽气泵,抽去溶剂,重复操作 2 次,就可把滤饼洗净。

七、干燥

纯化后的晶体表面还吸附有少量溶剂,应根据实际情况自然晾干或用烘箱烘干。量较大或易吸潮、易分解的产品可放在真空恒温干燥箱中干燥。

第三节 减压过滤

减压过滤又称抽滤,是用真空泵或抽气泵将抽滤瓶中的空气抽走而产生负压的操作,具有过滤速度快,液体和固体分离得较完全,滤出的固体容易干燥的优点。减压过滤装置由循环水式真空泵、布氏漏斗、抽滤瓶等组成。

减压过滤操作过程如下。

(1)安装仪器。检查布氏漏斗与抽滤瓶之间连接是否紧密,抽气泵连接口是否漏气。漏斗下端的斜口朝向抽气嘴,但不可靠得太近,以免从抽气嘴将滤液抽出。

(2)修剪滤纸,使其略小于布氏漏斗,但要把所有的孔都覆盖住,然后滴加蒸馏水使滤纸与漏斗紧密贴合。(过滤强碱性或强酸性溶液时,应在布氏漏斗上铺上玻璃布或涤纶布、氯纶布代替滤纸。)

(3)用玻璃棒引流,将固液混合物转移到滤纸上。

(4)打开抽气泵开关,开始抽滤。

(5)若固体需要洗涤,可将少量溶剂洒到固体上,静置片刻,再将其抽干。

(6)过滤完之后先拔下抽滤瓶的接管,然后关闭抽气泵(防止倒吸)。

(7)从漏斗中取出固体时,应将漏斗从抽滤瓶上取下,左手握漏斗管,倒转,用右手拍击左手,使固体连同滤纸一起落到洁净的纸片或表面皿上,然后揭去滤纸,对固体进行干燥处理。

第四节　干燥

干燥是除去附着在固体上或混杂在液体、气体中的少量水分的操作,也包括除去少量溶剂。在合成实验中,有机物在进行定性、定量化学分析之前,固体有机物在测熔点前,都必须完全干燥,否则会影响结果的准确性。有一些合成反应需要在无水条件下进行,不仅所有的原料和溶剂都应该经过干燥,而且要防止空气中的水分进入反应系统。因此,干燥是一种普通而又重要的操作。

一、固体的干燥

固体的干燥主要是除去固体中残留的水分、有机溶剂,可以根据物质的性质选择适当的方法。

(一)自然干燥

自然干燥是一种最简单、最经济的干燥方法。遇热易分解或含有易燃、易挥发溶剂的物质可以放在表面皿或其他敞口容器中,在空气中自然晾干。应当注意的是,此方法难以除尽样品中的少量水分。

(二)加热干燥

为了加快干燥速度,热稳定性好、熔点较高的固体物质可使用烘箱烘干,但是加热温度应低于固体物质的熔点,且需随时翻动,以免固体物质结块、熔化或分解、变色。

(三)干燥器干燥

1. 普通干燥器干燥

普通干燥器中有多孔瓷板,瓷板下面根据要求放入不同的干燥剂。常用的干燥剂有浓硫酸(可吸除水分和碱性物质)、无水氯化钙(可吸除水分和醇)、氢氧化钾(可吸除水分、酸、酚和酯)、生石灰或碱石灰(可吸除水分和酸)、石蜡(可吸除乙醚、氯仿、苯和石油醚等有机溶剂的蒸气)、硅胶(可吸除水分,但作用较慢)、氧化铝(可吸除水分)、五氧化二磷(可强烈地吸除水分)。瓷板上面放置盛有待干燥样品的表面皿等。该方法干燥样品所需时间较长,效率不高,一般仅用于保存易吸潮的固体。普通干燥器是具有磨口盖子的厚质玻璃器皿,打开时一定要小心,防止摔碎。

2. 真空干燥器干燥

真空干燥器是顶部带玻璃活塞的普通干燥器,用真空泵抽真空可使干燥器内的压强降低,夹杂在固体中的液体更容易汽化而被干燥剂所吸附,所以可以提高干燥效率。抽真空时真空度不宜过高,以防干燥器炸碎;抽气时应注意水压变化,以免水倒流至干燥器内。

二、无水条件下的合成反应

某些合成反应要求无水操作,除仪器、药品需干燥外,反应系统亦要求无水。一般用干燥管将反应系统与外界大气隔开,干燥管内封装着干燥剂。反应中常用的是氯化钙干燥管。

　　氯化钙干燥管的装法和使用中的注意事项:在干净、干燥的干燥管底部垫少量棉花,将颗粒状的氯化钙装入,装入量约为干燥管体积的 2/3,轻轻摇动干燥管,将氯化钙装得均匀、致密,上面再盖一点儿棉花。

第五节　薄层色谱

一、原 理

　　薄层色谱(thin layer chromatography)又称薄层层析,属于固液吸附色谱。样品在薄层板上的吸附剂(固定相)和溶剂(移动相)之间进行分离。各种物质由于吸附能力各不相同,在展开剂上移动时进行不同程度的解吸,从而达到分离的目的。薄层色谱的用途如下。

　　(1)物质的定性检验:通过与已知标准物对比进行未知物的鉴定。

　　在条件完全一致的情况下,纯物质在薄层色谱中呈现一定的移动距离,称为比移值(R_f值),如图 4.5.1 所示,所以利用薄层色谱可以鉴定物质的纯度或确定两种性质相似的物质是否为同一物质。但影响比移值的因素很多,如薄层板的厚度,吸附剂颗粒的大小、酸碱性、活性等级,外界温度,展开剂的纯度、组成、挥发性等。所以,要获得重现的比移值就比较困难。因此,在测定某一试样时,最好用已知样品进行对照。

$$R_f = \frac{溶质最高浓度中心至原点的距离}{溶剂前沿至原点的距离}$$

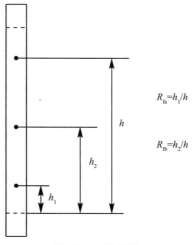

$$R_{fa} = h_1/h$$

$$R_{fb} = h_2/h$$

图 4.5.1　比移值

　　物质的吸附能力与它们的极性成正比,具有较大极性的物质吸附较强,因此 R_f 值较小。在给定的条件(吸附剂、展开剂、薄层板的厚度等)下,物质移动的距离和展开剂移动的距离之比是一定的,即 R_f 值是物质的物理常数,其大小只与物质本身的结构有关,因此可以根据 R_f 值鉴别物质。

（2）快速分离少量物质：几到几十微克，甚至 0.01 μg。

（3）跟踪反应进程：在进行化学反应时，常利用薄层色谱观察原料斑点的逐步消失，来判断反应是否完成。

（4）物质纯度的检验：只出现一个斑点，且无拖尾现象，为纯物质。

二、装 置

薄层色谱装置如图 4.5.2 所示。

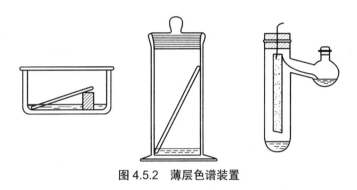

图 4.5.2　薄层色谱装置

三、操 作

（一）吸附剂的选择

薄层色谱最常用的吸附剂是硅胶，其中硅胶 H 不含黏合剂，硅胶 G 含煅石膏黏合剂，颗粒大小一般在 260 目以上。颗粒太大，展开剂移动速度快，分离效果不好；反之，颗粒太小，溶剂移动太慢，斑点不集中，效果也不理想。

物质的吸附能力与它们的极性成正比，具有较大极性的物质吸附较强，因而 R_f 值较小。常见物质 R_f 值大小的顺序如下：酸、碱 > 醇、胺、硫醇 > 酯、醛、酮 > 芳香族化合物 > 卤代物、醚 > 烯 > 饱和烃。

（二）薄层板的制备（湿板的制备）

（1）CMC-Na 溶液的配制：浓度一般为 0.3%~0.5%。具体方法如下：先将水加热至 60~70 ℃，然后加入 CMC-Na，边加边搅拌，使之溶解，即得。

（2）与硅胶混合：CMC-Na 溶液与硅胶的比例为 3:1（5~6 mL:2 g）。具体方法如下：先将 CMC-Na 溶液倒入自动搅拌器或研钵中，然后加入硅胶，搅匀即可。若是在研钵中研磨，沿一个方向研磨，先自下而上，然后自上而下，以赶尽气泡为佳。

（3）铺板：手动或机械。手动铺出的板的薄厚与所加的混合后的硅胶量有关，而机械铺出的板的薄厚与机械所选用的钢板有关，可根据需要来定。在此过程中最关键的是板边缘铺得好坏，手动铺板一定要将玻璃板边缘涂匀硅胶，机械铺板要注意板与板之间的平整性。将配制好的浆料倾倒至清洁、干燥的载玻片上，拿在手中轻轻地左右摇晃，使其表面均匀、平滑,在室温下晾干后进行活化。

（4）晾干：自然晾干。

（5）活化：将晾干的薄层板放在烘箱内加热活化，活化条件根据需要而定。硅胶板一般在烘箱中渐渐升温，维持 105~110 ℃活化 30 min。氧化铝板在 200 ℃下烘 4 h 可得活性为 Ⅱ 级的薄层板，在 150~160 ℃下烘 4 h 可得活性为 Ⅲ ~ Ⅳ 级的薄层板。活化后的薄层板放在干燥器内保存待用。

（三）点样

先用铅笔在距薄层板一端 1 cm 处轻轻画一条横线作为起始线，然后用毛细管吸取样品，在起始线上小心点样，斑点直径一般不超过 2 mm。若样品溶液太稀，可重复点样，但应待上一次点样的溶剂挥发后方可重新点样，以防样点过大，造成拖尾、扩散等现象，影响分离效果。若在同一块板上点几个样，样点间的距离应不小于 1 cm。点样要轻，不可刺破薄层板。

（四）展开

薄层色谱的展开需要在密闭容器中进行。为使溶剂蒸气迅速达到平衡，可在展开槽内衬一张滤纸。向层析缸中加入配好的展开剂，高度不超过 1 cm。将点好样的薄层板小心地放入层析缸中，点样的一端朝下浸入展开剂中。盖好瓶盖，当展开剂前沿上升到距薄层板上端 1 cm 处时取出薄层板，尽快在板上标记展开剂前沿的位置。晾干，观察斑点的位置，计算 R_f 值。

（五）显色

如果被分离物质是有色组分，展开后薄层色谱板上即呈现出有色斑点。如果物质本身无色，可用碘蒸气熏使其显色，还可使用有腐蚀性的显色剂，如浓硫酸、浓盐酸和浓磷酸等。含有荧光剂的薄层板在紫外光下观察，展开后的物质在亮的荧光背景上呈暗色斑点。

四、注意事项

（1）制板时要求薄层平滑、均匀、无裂缝。

（2）放入展开瓶中的溶剂不宜过多。

（3）点样时不要刺破薄层板。

（4）点样管切勿弄混。

第六节　柱色谱

柱色谱的原理与薄层色谱相似，色谱柱内装有经活化的吸附剂（固定相），再加入样品，样品中的各组分在柱的顶端被吸附剂吸附，然后从柱的顶端加入有机溶剂（洗脱剂）。由于各组分的吸附能力不同，所以各组分随洗脱剂向下移动的速度也不一样，吸附能力最弱的首先随溶剂流出，吸附能力强的后流出，如此实现分离。

常用的吸附剂有氧化铝、硅胶、氧化镁、碳酸钙和活性炭等。合适的吸附剂通常符合以下要求:不与被分离物质和展开剂发生化学反应,颗粒大小均匀、合适等。柱色谱比较常用硅胶吸附剂,其对各类物质的吸附能力与 TLC 相近。

柱色谱的洗脱剂与 TLC 的展开剂也基本相同,通常采用 TLC 的展开剂稀释 1 倍作为柱色谱的洗脱剂。

柱色谱的基本操作步骤通常包括装柱、上样和洗脱等。

1. 装柱

现在常用的色谱柱一般都是底部装有砂芯的,可以直接加入吸附剂。色谱柱的大小要根据待分离样品的量和分离的难易程度进行选择。

装柱有湿法和干法两种。

(1)湿法装柱。首先将溶剂装入柱内,约至柱高的 3/4,再将硅胶和溶剂调成糊状,慢慢地倒入柱内。此时应将柱下端的旋塞打开,控制流出速度为 1 滴/s,同时可以用洗耳球轻轻敲打柱子,使吸附剂均匀下沉,然后加压将柱子压实、压平,最后从柱子顶端加入 0.5~1 cm 厚的石英砂。注意:柱内液面要始终高于填充物。

(2)干法装柱。在色谱柱的顶端放置一个干燥的漏斗,直接将硅胶倒入柱内,同时用洗耳球轻轻敲打柱子两侧,将硅胶界面敲平,再用油泵将柱子抽实,然后从柱的顶端加入 0.5~1 cm 厚的石英砂,最后用淋洗剂"走柱子",淋洗剂一般是 TLC 的展开剂稀释 1 倍后的溶剂。通常上面加压,下面用油泵抽,这样可以加快速度,并可以使柱子比较结实。

2. 上样和洗脱

上样也有干法和湿法之分,干法是把待分离的样品用少量溶剂溶解后加入少量硅胶,搅拌均匀后将溶剂旋干,再将得到的粉末小心地加到柱子的顶层,最后还应该加一层石英砂。湿法上样先用少量溶剂将样品溶解,再用胶头滴管将其转移到柱子里。注意:不要将所有样品都上样,要留一点儿对照用。

上样完毕后,先用淋洗剂淋洗,然后不断加入洗脱剂,保持一定高度的液面,在整个操作过程中勿使硅胶表面的溶液流干。一旦流干,再加溶剂易使柱子产生气泡和裂缝,影响分离效果。同时要注意控制洗脱液的流出速度,一般不宜太快,太快会使柱中交换来不及达到平衡,从而影响分离效果。收集洗脱液时,可采用试管、锥形瓶等进行等份收集,并随时将收集液与原样点板对照。

第七节 提取

一、溶剂提取法

溶剂提取法是根据相似相溶的原理,选择与待提取物质极性相当的溶剂将物质从植物组织中溶解出来,由于某些物质的增溶或助溶作用,极性与溶剂相差较大的物质也可溶解出来,该方法是最常见的提取方法。依据所提取成分的性质和所选溶剂的特点,有如下提取方法:浸渍法、渗漉法、煎煮法、回流提取法和连续回流提取法,各方法的比较如表4.7.1所示。用溶剂提取之后,为了进行后续的分离操作,常需要将溶剂蒸干。目前常用的回收溶剂的方法有:蒸馏、减压蒸馏、旋转蒸发、薄膜蒸发、喷雾干燥和冷冻干燥等。

表 4.7.1 各种溶剂提取法的比较

提取方法	溶剂	操作	适用范围	优缺点
浸渍法	水或有机溶剂	不加热	各种成分,尤其是热不稳定成分	出膏率低,易发霉,需加防腐剂
渗漉法	有机溶剂	不加热	脂溶性成分	溶剂消耗量大,用时长
煎煮法	水	直火加热	水溶性成分	易挥发,热不稳定
回流提取法	有机溶剂	水浴加热	脂溶性成分	热不稳定,溶剂消耗量大
连续回流提取法	有机溶剂	水浴加热	亲脂性较强的成分	用索氏提取器,时间长,但效率最高

二、水蒸气蒸馏法

水蒸气蒸馏法的原理是将水蒸气通入含有挥发性成分的药材中,使药材中的挥发性成分(在100 ℃时有一定的蒸气压)随水蒸气蒸馏出来的提取方法。该方法适用于能随水蒸气蒸馏而不被破坏且难溶于水的成分的提取,如挥发油、小分子的香豆素、小分子的醌。

三、升华法

固体物质受热不经过熔融直接变成蒸气,称为升华。升华法适用于具有升华性的成分的提取,如樟脑、大黄中游离的蒽醌、茶叶中的咖啡因等。

四、超临界流体萃取法

超临界流体萃取是一种利用某物质在超临界区域形成流体对中药中的有效成分进行萃取分离的新型技术,集提取和分离于一体。浸提中药成分的溶剂是处于超临界状态的流体,因此萃取温度较低,萃取压力较高,目前应用最广的超临界流体是CO_2。超临界CO_2萃取主要用于中药材挥发油成分或脂溶性成分的提取。间歇操作时将药材细粉置于压力釜中,通入处于超临界状态的CO_2,被萃取的中药成分溶于CO_2中并自釜中引出,在分离釜中CO_2由于减压而变为气态并将中药成分离析,CO_2气体被压缩后送回压力釜中。

该方法是现代分离过程,特别适合药材中脂溶性成分的提取,调整工艺参数或加入适量夹带剂可提高对不同成分的萃取选择性,因此所得产物的纯度高。该方法达到相平衡所需的时间短,在低温下进行操作,特别适合热敏性成分的萃取,且无溶剂残留。

第八节 分离

中药经各种方法提取后所得的提取液仍是包含许多成分的混合物,需要经过进一步的分离精制和纯化处理,才能得到所需的成分或单体化合物。下面对一些常见的分离手段作简要的总结。

一、系统溶剂分离法

中药或天然药物提取液中常含有极性不同的各种化学成分,系统溶剂分离法就是根据它们在不同极性的溶剂中溶解度的差异,选择 3~4 种不同极性的溶剂组成溶剂系统,由低极性到高极性排列,对浓缩后的总提取物进行提取分离。此法是早年研究中药或天然药物中的有效成分的一种最主要的方法,主要用于分离提取含有极性不同的各种化学成分的中药提取液,适合对某一中药或天然药物进行系统的化学成分研究,目前仍是研究成分不明的中药或天然药物最主要的方法之一。

二、两相溶剂萃取法

两相溶剂萃取法是向提取液中加入一种与其不相溶的溶剂,充分振摇以增加相互接触的机会,使提取液中的某种成分逐渐转移到加入的溶剂中,而其他成分仍留在提取液中,如此反复多次,将所需成分萃取出来的分离方法。除了上述简单的萃取方法之外,现在根据这一原理产生了许多仪器化的萃取方法,如逆流连续萃取法、逆流分溶法、液滴逆流色谱法、气相色谱法、液相色谱法等。

三、沉淀法

沉淀法是向天然药物的提取液中加入某些试剂,与其中的成分发生沉淀反应生成沉淀或降低其溶解性使其从溶液中析出,从而获得有效成分或去除杂质的方法。采用沉淀法分离化合物,若生成沉淀的是有效成分,则要求沉淀反应必须可逆;若生成沉淀的为杂质,则沉淀反应可以是不可逆反应。常见的沉淀法有盐析法、酸碱沉淀法、试剂沉淀法和铅盐沉淀法等。盐析法是向天然产物的水提取液中加入大量的无机盐,使其达到一定浓度或饱和,促使有效成分在水中的溶解度降低而沉淀析出,与其他水溶性较强的杂质分离。盐析法常用的无机盐有氯化钠、硫酸钠、硫酸镁、硫酸铵等。

四、结晶与重结晶法

结晶法是分离纯化固体成分的重要方法之一,在通常情况下,大多数天然药物成分在常温下是固体,具有结晶的通性。若物质能够形成结晶,则代表其纯度相当高。获得结晶并制备成单体纯品,是鉴定天然药物的成分,研究其分子结构的重要一步。具体的方法是用适量的溶剂在加热至沸点的情况下将物质溶解,制成过饱和溶液,趁热过滤去除不溶性杂质,放置冷却,以析晶。

五、透析法

透析法是利用提取液中的小分子物质或能在水、乙醇提取液中溶解成离子的物质可通过透析膜,而大分子物质(如多糖、蛋白质、鞣质、树脂等)不能通过透析膜的性质实现分离的一种方法。此法常用于分离纯化皂苷、蛋白质、多肽、多糖等大分子成分,以除去无机盐、单糖、双糖等小分子杂质。

六、分馏法

分馏法是分离液体混合物的一种方法,利用混合物中各成分的沸点不同,在分馏过程中产生高低不同的蒸气压,以收集不同温度的馏分,达到分离的目的。

七、色谱法

色谱法又称层析法,是一种现代的物理化学分离分析方法,也是现代天然成分分离分析的主要方法。色谱按原理可以分为吸附色谱、分配色谱、离子交换色谱和凝胶过滤色谱。吸附色谱按吸附剂又可以分为硅胶色谱、氧化铝色谱和聚酰胺色谱。

第九节　紫外－可见分光光度法

一、原理

紫外－可见分光光度法是通过测定物质在紫外光区的特定波长处或一定波长范围内的吸光度对该物质进行定性和定量分析的方法,在药品检验中主要用于药品的鉴别、检查和含量测定。

定量分析通常选择在物质的最大吸收波长处测定吸光度,然后用对照品或吸收系数求算物质的含量,多用于制剂的含量测定;对已知物质定性可用吸收峰波长或吸光度比值鉴别;若物质在紫外光区无吸收,而杂质在紫外光区有相当大强度的吸收,或物质在杂质的吸收峰处无吸收,可用本法作杂质检查。

物质对紫外辐射的吸收是由于分子中原子的外层电子跃迁产生的,因此紫外吸收主要取决于分子的电子结构,故紫外光谱又称电子光谱。有机化合物分子结构中如含有共轭体系、芳香环等发色基团,均可在紫外光区(200~400 nm)或可见光区(400~850 nm)产生吸收。通常使用的紫外－可见分光光度计的工作波长范围为190~900 nm。

紫外吸收光谱为物质对紫外光区辐射的能量吸收图。朗伯－比尔定律为光的吸收定律,它是紫外－可见分光光度法定量分析的依据,其数学表达式为

$$A = \lg \frac{1}{T} = Ecl$$

式中:A 为吸光度;T 为透光率;E 为吸收系数;c 为溶液的浓度;l 为光路的长度。

如溶液的浓度为1% g/mL,光路的长度为 1 cm,相应的吸光度即为百分吸收系数,以 $E_{1\,cm}^{1\%}$ 表示。如溶液的浓度为摩尔浓度(mol/L),光路的长度为 1 cm,相应的吸收系数为摩尔吸收系数,以 ε 表示。

二、类 型

紫外－可见分光光度计的类型很多,但可归纳为三种类型,即单光束分光光度计、双光束分光光度计和双波长分光光度计。

(一)单光束分光光度计

经单色器分光后的一束平行光依次通过参比溶液和样品溶液,以进行吸光度的测定。这种简易型分光光度计结构简单,操作方便,维修容易,适用于常规分析。

(二)双光束分光光度计

经单色器分光后的一束平行光经反射镜分解为强度相等的两束光,一束通过参比池,一束通过样品池。光度计能自动比较两束光的强度,两束光强度的比值即为试样的透射比,经对数变换将它转换成吸光度并作为波长的函数记录下来。双光束分光光度计一般都能自动记录吸收光谱曲线。由于两束光同时分别通过参比池和样品池,能自动消除光源强度变化所引起的误差。

(三)双波长分光光度计

由同一光源发出的光分成两束,分别经过两个单色器,得到两束不同波长的单色光;利用切光器使两束光以一定的频率交替照射同一吸收池,然后经过光电倍增管和电子控制系统,最后由显示器显示出两个波长处的吸光度差值。对多组分混合物、混浊试样(如生物组织液)进行分析或存在背景干扰、共存组分吸收干扰时,采用双波长分光光度法往往能提高灵敏度和选择性。利用双波长分光光度计能获得导数光谱。通过光学系统转换,双波长分光光度计能很方便地转变为单波长工作方式。如果能在两个波长处分别记录吸光度随时间变化的曲线,还能进行化学反应动力学研究。

三、样品测定

测定样品时,除另有规定外,应以配制供试品溶液的同批溶剂为空白对照,采用 1 cm 的石英吸收池,在规定的吸收峰波长 ±2 nm 的范围内测定几个点的吸光度,或用仪器在规定的波长附近自动扫描测定,以核对供试品的吸收峰波长位置是否正确。除另有规定外,吸收峰波长应在该品种项下规定的波长 ±2 nm 以内,并以吸光度最大的波长为测定波长。一般供试品溶液的吸光度以 0.3~0.7 为宜。仪器的狭缝波带宽度宜小于供试品吸收带半高宽度的 1/10,否则测得的吸光度会偏小;狭缝宽度的选择应以减小狭缝宽度时供试品的吸光度不增大为准。由于吸收池和溶剂可能有空白吸收,因此测定供试品的吸光度后应减去空白读数,或由仪器自动扣除空白读数后再计算含量。当溶液的 pH 值对测定结果有影响时,应将供试品溶液的 pH 值和对照品溶液的 pH 值调一致。

1. 吸收系数测定(性状项下)

按各品种项下规定的方法配制供试品溶液,在规定的波长处测定其吸光度,并计算吸收系数,数值应符合规定。

2. 鉴别和检查

按各品种项下的规定测定供试品溶液的最大、最小吸收波长,有的必须测定在最大吸收波长与最小吸收波长处的吸光度比值,数值均应符合规定。

3. 含量测定

(1)对照品比较法。

按各品种项下规定的方法配制供试品溶液和对照品溶液,对照品溶液中所含被测成分的量应在供试品溶液中被测成分标示量的 $100\% \pm 10\%$ 以内,用同一溶剂在规定的波长处测定供试品溶液和对照品溶液的吸光度后,按下式计算供试品溶液的浓度:

$$c_x = (A_x/A_r) c_r$$

式中:c_x 为供试品溶液的浓度;A_x 为供试品溶液的吸光度;c_r 为对照品溶液的浓度;A_r 为对照品溶液的吸光度。

(2)吸收系数法。

按各品种项下的规定配制供试品溶液,在规定的波长处测定其吸光度,再按该品种在规定条件下的吸收系数计算含量。用本法测定时,吸收系数通常应大于 100,并应注意仪器的校正和检定。

(3)计算分光光度法。

按《中国药典》的规定,计算分光光度法一般不宜用于测定含量,少数采用计算分光光度法的品种应严格按各品种项下规定的方法进行。当吸光度在吸收曲线的陡然上升或下降部位时,波长的微小变化就可能对测定结果造成显著影响,故对照品和供试品的测定条件应尽可能一致。

(4)比色法。

供试品在紫外-可见光区没有强吸收,或虽在紫外光区有吸收,但为了避免干扰或提高灵敏度,可加入适当的显色剂,使反应产物的最大吸收移至可见光区,这种测定方法称为比色法。

用比色法测定样品时,由于显色时影响颜色深浅的因素较多,应取供试品与对照品或标准品同时操作。除另有规定外,比色法所用的空白是用同体积的溶剂代替对照品或供试品溶液,然后依次加入等量的相应试剂,并用同样的方法处理。在规定的波长处测定对照品和供试品溶液的吸光度后,采用对照品比较法计算供试品溶液的浓度。

当吸光度和浓度的关系不呈良好的线性时,应取数份梯度量的对照品溶液,用溶剂补充至体积相等,显色后测定各份溶液的吸光度,然后以吸光度与相应的浓度为坐标绘制标准曲线,再根据供试品的吸光度在标准曲线上查得相应的浓度,并求出含量。

若不用对照品,则应在测定前仔细校正和检定仪器。

第十节 高效液相色谱

高效液相色谱(HPLC)是一种广泛应用于药物分析领域的高效分离分析技术,能够将待测样品中的不同组分分离并进行定量、定性分析。其具有分析速度快,选择性好,灵敏度高,柱子可反复使用,样品用量少且容易回收的特点。

一、基本组成

高效液相色谱仪由贮液器、高压泵、进样器、色谱柱、检测器、数据处理系统等几部分组成。贮液器中的流动相被高压泵打入系统,样品溶液经进样器进入流动相,被流动相载入色谱柱(固定相)内,由于样品溶液中的各组分在两相中具有不同的分配系数,在两相中做相对运动时,经过多次吸附-解吸的分配过程,各组分在移动速度上产生了较大的差别,被分离成单个组分依次从柱内流出,通过检测器时样品的浓度被转换成电信号传送到记录仪,数据以图谱的形式打印出来。

(一)贮液器

贮液器应耐腐蚀,一般采用玻璃容器,容积以 0.5~2.0 L 为宜。贮液器的放置位置要高于泵体,以保持一定的输液静压差。放入贮液器中的溶剂应当脱气,并经微孔滤膜过滤,以除去溶剂中的杂质。

(二)高压泵

高效液相色谱的流动相采用高压泵输送,对高压泵的要求是耐腐蚀、密封性好、输出流量范围宽、输出流量稳定、重复性好。高压泵可分为恒流泵和恒压泵。目前,在高效液相色谱中应用最广泛的是往复泵,往复泵属于恒流泵。

(三)进样器

进样器是将样品送入色谱柱的装置,其可分为手动进样器和自动进样器两种。手动进样使用最多的是六通阀进样装置。先将进样阀置于"取样"位置,用特制的平头注射器将样品注入定量环中,再将进样阀置于"进样"位置,样品携带流动相进入色谱柱。手动进样重复性好,且能耐 20 MPa 的高压。自动进样是由计算机自动控制定量阀,按照预先编写的程序工作,取样、进样、复位、清洗样品管路和转动样品盘全部按照预定的程序自动进行,一次可以进行几十个甚至上百个样品的分析。自动进样器的样品量可连续调节,进样重复性好,适合作大量样品的分析,能节省人力,实现自动化操作。

(四)色谱柱

高效液相色谱仪的核心是色谱柱,色谱柱是内壁光滑的优质不锈钢柱,柱接头的体积尽可能小,柱长一般为 100~300 mm,内径为 4~5 mm。

色谱柱的固定相以十八烷基硅烷键合硅胶(ODS)应用最广泛,ODS 为非极性化学键合相,此外还有辛烷基硅烷键合硅胶等。非极性化学键合相用于反相色谱;中等极性的化学键合相有苯基化学键合相等;极性化学键合相有氰基化学键合相和氨基化学键合相,一般用于正相色谱。色谱柱的优劣一般由相应的使用指标表征,包括在一定实验条件下的柱压和理论塔板数等。

(五)检测器

高效液相色谱仪的检测器分为选择性检测器和通用型检测器两大类。

选择性检测器只能检测某些组分的某一性质,响应值不仅与样品溶液的浓度有关,而且与样品的结构有关。紫外检测器、荧光检测器和电化学检测器为选择性检测器,它们只对有紫外吸收或荧光发射的组分有响应。

通用型检测器检测的是一般物质均具有的性质,示差折光检测器和蒸发光散射检测器属于这一类。这种检测器对所有物质均有响应,结构相似的物质在蒸发光散射检测器中的响应值几乎仅与被测物质的量有关。

紫外检测器是高效液相色谱仪中应用最广泛的检测器。其原理是朗伯-比尔定律,即色谱峰的面积和组分的量成正比。紫外检测器的特点是灵敏度高,线性范围宽,对温度和流速变化不敏感,可检测梯度溶液洗脱的样品。

(六)数据处理系统

数据处理系统可对测定数据进行采集、储存、显示、打印和处理等操作,使样品的分离、制备和鉴定工作能正确开展。

二、测定方法

(一)面积归一化法

面积归一化法测定误差大,只能粗略考察供试品中杂质的含量。测定供试品(或经衍生化处理的供试品)中各杂质的总量限度采用不加校正因子的面积归一化法。计算各杂质峰面积及其总和,并求出占总峰面积的百分数,但溶剂峰不计算在内。色谱图的记录时间应根据所含杂质的保留时间确定,除另有规定外,可为该品种项下主成分保留时间的倍数。

(二)内标法

内标法是选择适宜的物质作为待测物质的参比物,定量加到供试品中,依据待测物质、参比物在检测器中的响应值之比和参比物的加入量进行定量分析的方法。这种方法消除了由于每次供试品分析条件不完全相同而产生的定量误差,也消除了进样体积不同所引入的误差。按各品种项下的规定,精确称(量)取对照品和内标物质,分别配制溶液,再精确量取各溶液,配成测定校正因子用的对照品溶液,取一定量进样,记录色谱图,测定对照品和内标物质的峰面积或峰高。按下式计算校正因子 f:

$$f = \frac{A_s/c_s}{A_r/c_r}$$

式中：A_s 为内标物质的峰面积或峰高；A_r 为对照品的峰面积或峰高；c_s 为内标物质的浓度；c_r 为对照品的浓度。

再取各品种项下含有内标物质的供试品溶液，进样，记录色谱图，测定供试品中的待测成分和内标物质的峰面积或峰高。按下式计算含量：

$$c_x = f \times \frac{A_x}{A_s'/c_s'}$$

式中：A_x 为供试品（或杂质）的峰面积或峰高；c_x 为供试品溶液的浓度；A_s' 为内标物质的峰面积或峰高；c_s' 为内标物质的浓度；f 为校正因子。

若配制测定校正因子用的对照品溶液和含有内标物质的供试品溶液使用等量同一浓度的内标物质溶液，即 $c_s = c_s'$，则配制内标物质溶液时不必精确量取。

（三）外标法

外标法是高效液相色谱定量分析常用的方法。

按各品种项下的规定，精确称（量）取对照品和供试品，分别配成溶液，再精确量取一定量的各溶液，进样，记录色谱图，测定对照品和供试品中的待测成分的峰面积或峰高。按下式计算含量：

$$c_x = c_r \times \frac{A_x}{A_r}$$

式中：A_x 为供试品的峰面积或峰高；c_x 为供试品溶液的浓度；A_r 为对照品的峰面积或峰高；c_r 为对照品溶液的浓度。

由于微量注射器不易精确控制进样量，采用外标法测定时，以用手动进样器的定量环或自动进样器进样为宜。

（四）加校正因子的主成分自身对照法

测定杂质的含量时，可采用加校正因子的主成分自身对照法。

按各品种项下的规定，精确称（量）取适量待测物质的对照品和参比物质的对照品配制测定待测物质的校正因子的溶液，进样，记录色谱图。按下式计算待测物质的校正因子：

$$f = \frac{c_a/A_a}{c_b/A_b}$$

式中：c_a 为待测物质的浓度；A_a 为待测物质的峰面积或峰高；c_b 为参比物质的浓度；A_b 为参比物质的峰面积或峰高。

也可精确称（量）取适量主成分的对照品和杂质的对照品，配制成不同浓度的溶液，进样，记录色谱图，绘制主成分的浓度和杂质的浓度对其峰面积的回归直线，以主成分回归直线斜率与杂质回归直线斜率的比计算校正因子。校正因子可直接载入各品种项下，用于校正杂质的实测峰面积。需作校正计算的杂质通常以主成分为参比，采用相对保留时间定位，其数值一并载入各品种项下。

三、操作步骤

（1）在实验前配好流动相,过滤脱气。

（2）置换流动相时,把泵的滤头从原来的流动相中换到新的流动相中,滤头要轻拿轻放。

（3）液路排气顺序:打开排气阀—按"PURGE"键排气—按"STOP"键停止—拧紧排气阀—按"PUMP"键启动泵。

（4）打开检测器,首先观察右上角的氘灯指示灯,确认氘灯点亮后再按"WL"键调好实验波长,然后按"A/Z"键调零。

（5）打开电脑,在在线工作站中选择对应的通道,输入实验信息、方法(包括采样控制、积分和仪器条件);然后点"数据采集"按钮,将电压调到 $-20\sim20$ V,时间调到 $0\sim30$ min,点"零点校正"按钮后点"查看基线"按钮,大约 1 h 后基线基本稳定,就可以进样了。

（6）将对照品配成溶液后,过滤,进样,待对照品的峰出来以后点"停止采集"按钮,输入文件名后保存。(一般以连进三针为准)

（7）将样品配成溶液后,过滤,进样,待样品的峰出来以后点"停止采集"按钮,输入文件名后保存。

（8）将进样阀旋转到"LOAD"位置进针,进完针后将进样阀旋转到"INJECT"位置。

（9）打印报告,计算待测物质的含量。

第十一节　气相色谱

气相色谱(GC)是一种分离技术。在实际工作中分析的样品往往是复杂的多组分混合物,GC 主要利用物质的沸点、极性、吸附性质的差异实现混合物的分离。待分析样品在汽化室中汽化后被载气(一般是 N_2、He 等)带入色谱柱,组分就在其中的两相间多次分配(吸附—脱附或溶解—释放)。由于固定相对各组分的吸附或溶解能力不同(即保留作用不同),因此各组分在色谱柱中的行进速度不同,经过一定的柱长后便彼此分离,依次离开色谱柱进入检测器,经检测后物质信息转换为电信号被送至色谱数据处理装置处理,从而完成对被测物质的定性、定量分析。

一、基本组成

气相色谱仪一般由如下六部分组成。

（一）载气系统

气相色谱的流动相为气体,称为载气。氦气、氮气和氢气均可用作载气,其可由高压钢瓶或高纯度气体发生器提供,经过减压阀、流量控制器和压强调节器,以一定的流速经过进样器和色谱柱,由检测器排出,形成载气系统。整个系统要求载气纯净,密闭性好,流速稳定,流速测量准确。应根据供试品的性质和检测器的种类选择载气,除另有规定外,常用载气为氮气。

(二)进样系统

进样系统安装在色谱柱的进口之前,由两部分组成,一部分为进样器,另一部分是汽化室,以保证液体样品瞬间汽化为蒸气。其功能是把气体或液体样品快速、定量地加到色谱柱上端。

进样方式一般可采用溶液直接进样、自动进样或顶空进样。

溶液直接进样采用微量注射器、微量进样阀、有分流装置的汽化室进样。采用溶液直接进样或自动进样时,进样口温度应高于柱温30~50 ℃;进样量一般不超过数微升,柱径越小,进样量应越少;采用毛细管柱时一般应分流,以免过载。

顶空进样适用于固体和液体供试品中挥发性组分的分离和测定。将固态或液态的供试品制成供试液后置于密闭的小瓶中,在恒温控制的加热室中加热至供试品中的挥发性组分液态和气态达到平衡,由进样器自动吸取一定体积的顶空气注入色谱柱中。

(三)色谱分离系统

色谱分离系统由色谱柱和控温室组成,是色谱仪的心脏部件,其作用是将多组分样品分离为单个组分。

(四)检测系统

检测系统用于检测流动相中有无溶质组分存在,其核心部件为检测器。常见的检测器有火焰离子化检测器(FID)、氮磷检测器(NPD)、火焰光度检测器(FPD)、电子捕获检测器(ECD)、热导检测器(TCD)、质谱检测器(MS)等。火焰离子化检测器对碳氢化合物响应良好,适合检测大多数药物;氮磷检测器对含氮、磷元素的化合物灵敏度高;火焰光度检测器对含磷、硫元素的化合物灵敏度高;电子捕获检测器适于检测含卤素的化合物;热导检测器几乎对所有的物质都有响应,由于在检测过程中样品不被破坏,常用于制备和联用鉴定;质谱检测器能给出供试品某个成分的结构信息,可用于结构确证。除另有规定外,色谱仪一般采用火焰离子化检测器,用氢气作为燃气、空气作为助燃气。在使用火焰离子化检测器时,检测器温度一般应高于柱温,并不得低于150 ℃,以免水汽凝结,通常为250~350 ℃。

检测器可以把被色谱柱分离的样品组分根据特性和含量转变为电信号,经放大后由记录仪记录成色谱图,进行定量和定性分析。

(五)数据处理系统

数据处理系统用于对色谱图反映的信息进行分析、处理,包括放大器、记录仪、数据处理装置等。

(六)温度控制系统

温度控制系统用于测量和控制色谱柱、检测器、汽化室的温度,是气相色谱仪的重要组成部分。

二、系统适用性实验

除另有规定外,应按照高效液相色谱法(《中国药典》通则)项下的规定进行系统适用性实验。

三、测定方法

气相色谱的测定方法包括:①内标法;②外标法;③面积归一化法;④标准溶液加入法。①~③法的具体内容均同高效液相色谱(《中国药典》通则)项下的规定。

四、操作步骤

(1)打开载气钢瓶的总阀,观察载气的压强是否达到预定值,未达到不能开始实验。

(2)打开主机电源,设置相应的参数。

(3)打开计算机电源,启动色谱工作站。

(4)打开氢气发生器开关,观察压强是否达到预定值,未达到不能进行操作。

(5)打开空气压缩机开关,观察压强是否达到预定值,未达到不能进行操作。

(6)点燃 FID 火焰。

(7)待主机显示"就绪"后观察记录仪的信号,待基线平稳后开始测定。

(8)进样,一般采用注射器或六通阀进样。

(9)测定完毕后,先在主机上设置进样器温度、柱温和检测器温度(均为 50 ℃),待进样器温度、柱温和检测器温度降至 50 ℃以下时关闭主机电源,退出色谱工作站并关闭计算机电源,关闭氢气发生器、空气压缩机开关,关闭载气钢瓶的总阀。

(10)处理数据。

第十二节　红外吸收光谱

一、原 理

红外吸收光谱又称为分子振动转动光谱,是一种分析吸收光谱。它是由于分子振动能级的跃迁而产生的,分子的振动实际上可以分解为组成分子的化学键的振动,或者说组成分子的原子团的振动。当样品受到频率连续变化的红外光照射时,分子吸收某些频率的辐射,发生振动或转动,引起偶极矩变化,分子振动或转动能级从基态跃迁到激发态,使对应这些吸收区域的透射光减弱,记录红外光的百分透射比 $T\%$ 与波数 σ(或波长 λ)的关系曲线可得到红外吸收光谱。谱图中的吸收峰数目和对应的波数是由吸光物质的分子结构决定的,即谱图是分子结构特征的反映。因此,红外吸收光谱可以提供大量分子结构信息。在药品检验中,红外吸收光谱法具有高度专属性。在有机药品鉴别中,红外吸收光谱法已成为与其他理化方法联合使用的重要仪器分析方法。特别是对化学结构比较复杂或相互间化学差异较小的药品,红外吸收光谱法更是行之有效的鉴别手段。某些多晶型药品晶型结构不同会导致某些化学键的键角和键长不同,从而导致某些红外吸收峰的频率和强度不同,因此红外吸收光谱法亦可作为杂质检查中低效和无效晶型检查的主要方法。

二、样品测定

(1)准备好样品和溴化钾。

(2)打开红外吸收光谱仪的电源,待仪器稳定 30 min 以上方可进行测定。

(3)打开电脑,打开对应的软件,在菜单中进行实验参数的设置。

(4)测定样品,获得样品的红外吸收光谱图。

第五章　药物制剂实验

实验一　乳剂的制备

一、实验目的

（1）掌握乳剂的基本制备方法。

（2）了解亲水－疏水平衡（HLB）值的计算方法。

（3）熟悉乳剂类型的鉴别方法及生物显微镜的操作。

二、实验原理

乳剂是两种互不混溶的液体（通常为水和油）组成的非均相分散体系，制备时加乳化剂，通过外力作用，使其中一种液体以小液滴的形式分散在另一种液体中。乳剂的类型有水包油（O/W）型和油包水（W/O）型等。乳剂的类型主要取决于乳化剂的种类、性质及两相体积比。一般用稀释法或染色法鉴别乳剂的类型。

制备乳剂时应根据制备量和乳滴大小的要求选择设备。小量制备多在乳钵中进行，大量制备可选用搅拌器、乳匀机、胶体磨等器械。制备方法有干胶法、湿胶法和直接混合法。一般根据 HLB 值来选择乳化剂。当一种乳化剂难以达到乳化要求时，常将两种以上的乳化剂混合使用。混合乳化剂的 HLB 值可按下式计算：

$$\text{HLB}_{混合} = \frac{\text{HLB}_1 \times W_1 + \text{HLB}_2 \times W_2 + \cdots + \text{HLB}_n \times W_n}{W_1 + W_2 + \cdots + W_n}$$

式中：HLB_1，HLB_2，$\cdots$，HLB_n 为各种乳化剂的 HLB 值；W_1，W_2，$\cdots$，W_n 为各种乳化剂的质量。

三、主要仪器与材料

（1）主要仪器：乳钵、烧杯、量筒、电子天平、玻璃棒、生物显微镜等。

（2）主要材料：鱼肝油、聚山梨酯-80、司盘-80、吐温-80、蒸馏水、苏丹红-Ⅲ、亚甲基蓝、香柏油等。

四、实验内容

1. 鱼肝油乳剂处方

鱼肝油乳剂处方如表 5.1.1 所示。

表 5.1.1　鱼肝油乳剂处方

原辅料名称	用量
鱼肝油	6 mL
聚山梨酯 -80	3 mL
蒸馏水（加至）	50 mL

2. 制备

首先将聚山梨酯 -80 与鱼肝油置于乳钵中,研磨均匀,然后加入蒸馏水 4 mL 继续研磨,制成初乳;接着用蒸馏水将初乳分几次转移至带刻度的烧杯中,最后加蒸馏水稀释至 50 mL,搅匀即得。

3. 乳剂类型的鉴别

（1）稀释法:取乳剂少许,加水稀释,能用水稀释的为 O/W 型,否则为 W/O 型。

（2）染色法:将乳剂样品涂在载玻片上,用油溶性染料苏丹红 - Ⅲ 以及水溶性染料亚甲基蓝各染色 1 次,在显微镜下观察,苏丹红 - Ⅲ 均匀分散的为 W/O 型,亚甲基蓝均匀分散的为 O/W 型。

4. 乳化鱼肝油所需 HLB 值的计算

用司盘 -80（HLB 值为 4.3 ）及吐温 -80（HLB 值为 15.0）配成六种混合乳化剂各 5 g,它们的 HLB 值分别为 4.3、5.5、7.5、9.5、12.0 及 14.0。计算各混合乳化剂中单种乳化剂的用量（g）,并填入表 5.1.2 中。

表 5.1.2　混合乳化剂的组成

乳化剂名称	混合乳化剂的组成					
	HLB=4.3	HLB=5.5	HLB=7.5	HLB=9.5	HLB=12.0	HLB=14.0
司盘 -80 吐温 -80						

五、实验结果

（1）记录乳剂的类型以及鉴别结果。

（2）填写混合乳化剂的组成表。

六、注意事项

（1）在制备乳剂时,初乳的形成是关键,研磨时宜朝同一方向稍加用力,用力需均匀。

（2）镜检用油镜。

七、思考题

（1）乳剂有哪几类? 制备乳剂时应如何选择乳化剂?

（2）影响乳剂物理稳定性的因素有哪些？如何制备与评价稳定的乳剂？

（3）列表说明 W/O 型与 O/W 型乳剂的区别。

（4）设计一个适用的乳剂处方,写出制备工艺。

实验二　混悬剂的制备

一、实验目的

（1）掌握混悬剂的一般制备方法及稳定剂的选择方法。

（2）熟悉助悬剂、润湿剂、絮凝剂及反絮凝剂在混悬剂中的应用。

二、实验原理

混悬剂是指难溶性固体药物以微粒的形式分散在液体溶媒中形成的非均相液体制剂,其中药物微粒的直径一般在 0.5~10 μm。混悬剂的分散介质多为水,也可用植物油作为分散介质。大多数混悬剂是液体制剂。若按照混悬剂的要求,将药物用适当的方法制成粉末状或颗粒状制剂,使用时加水使其迅速分散成混悬剂,则称之为干混悬剂。合剂、搽剂、洗剂、注射剂、滴眼剂、气雾剂等剂型都有混悬型分散状态。

优良的混悬剂应符合如下要求:颗粒细腻,分散均匀,不结块;颗粒的沉降速度慢,沉降容积比大;颗粒沉降后,经振摇易再分散,以保证分剂量的准确性;混悬剂应具有一定黏度;外用混悬剂应容易涂布。

物理稳定性是混悬剂存在的主要问题之一。混悬剂中药物微粒的分散度大,使混悬剂具有较高的表面自由能而处于不稳定状态。疏水性药物的混悬剂比亲水性药物的混悬剂存在更大的稳定性问题。混悬剂中的微粒受重力作用产生沉降,其沉降速度遵循斯托克斯（Stokes）定律,如下式所示:

$$V = \frac{2r^2(\rho_1 - \rho_2)g}{9\eta}$$

式中:V 为微粒的沉降速度（cm/s）;r 为微粒的半径（cm）;ρ_1、ρ_2 分别为微粒和分散介质的密度（g/mL）;g 为重力加速度（cm/s²）;η 为分散介质的黏度（mPa·S）。

从上式可看出,混悬剂中微粒的沉降速度与微粒的半径的平方、微粒与分散介质的密度差成正比,与分散介质的黏度成反比。混悬剂中微粒的沉降速度愈大,其动力学稳定性愈小。提高混悬剂动力稳定性的主要方法有:①减小微粒的半径;②降低微粒与分散介质的密度差;③增大分散介质的黏度。因此,在制备混悬剂时,将药物粉碎成一定细度的微粒、加入稳定剂、选择合适的分散介质等手段都能提高混悬剂的物理稳定性。

混悬剂的稳定剂一般有三类:助悬剂、润湿剂、絮凝剂与反絮凝剂。

混悬剂的配制方法有分散法（如研磨粉碎）和凝聚法（物理凝聚法和化学凝聚法）两种,其中分散法较为常用。

混悬剂的稳定性直接决定其质量好坏,混悬剂常见的稳定性研究方法包括微粒大小的测定、沉降速度的测定、沉降容积比的测定、絮凝度的测定、重新分散实验、ζ电位的测定和流变学测定。

混悬剂的成品在包装时,容器不宜盛装太满,应预留适当空间便于用前摇匀。标签上应注明"用前摇匀"字样。为安全起见,剧毒药、剂量小的药物不宜制成混悬剂。

三、主要仪器与材料

(1)主要仪器:天平、研钵、具塞量筒、玻璃棒、烧杯、称量纸、药匙、标签纸等。

(2)主要材料:炉甘石、氧化锌、甘油、羧甲基纤维素钠、聚山梨酯-80、枸橼酸钠、三氯化铝、沉降硫黄、硫酸锌、樟脑醑、乙醇、新洁尔灭和蒸馏水等。

四、实验内容

(一)不同处方炉甘石洗剂的制备

1. 处方

炉甘石洗剂的不同处方见表5.2.1。

表5.2.1　炉甘石洗剂的不同处方

原辅料名称	处方Ⅰ	处方Ⅱ	处方Ⅲ	处方Ⅳ	处方Ⅴ
炉甘石	4 g	4 g	4 g	4 g	4 g
氧化锌	4 g	4 g	4 g	4 g	4 g
甘油	5 mL	5 mL	5 mL	5 mL	5 mL
羧甲基纤维素钠	0.25 g				
聚山梨酯-80		1.0 mL			
枸橼酸钠			0.25 g		
三氯化铝				0.1 g	
蒸馏水(加至)	50 mL	50 mL	50 mL	50 mL	50 mL

2. 制备工艺

(1)炉甘石、氧化锌过120目筛;羧甲基纤维素钠加水25 mL,溶胀,制成胶浆;聚山梨酯-80加水25 mL混匀;枸橼酸钠加水25 mL溶解;三氯化铝加水25 mL溶解。

(2)采用加液研磨法制备。先将炉甘石和氧化锌置于研钵中,加甘油研磨至糊状,再按上述不同处方加入其他成分,研磨均匀后倒出,用10 mL蒸馏水分次冲洗研钵,将冲洗液与药液合并后加蒸馏水至50 mL,搅匀即得。

3. 性状

本品为粉红色混悬液,放置时有沉淀,经振摇后,仍应成为均匀的混悬液。

4. 用途

炉甘石洗剂具有保护皮肤、收敛、消炎和止痒作用,用于治疗急性皮炎、湿疹、荨麻疹、丘疹、夏季皮炎、日晒伤等皮肤病。

5. 注意事项

(1)炉甘石、氧化锌均为不溶于水的亲水性药物,可被水润湿,故应先加入适量甘油和少量水研磨成糊状,使粉末周围形成水的保护膜,以防止颗粒聚集,振摇时易悬浮。

(2)炉甘石洗剂中的炉甘石和氧化锌带负电,加入少量三氯化铝中和部分电荷,可使炉甘石和氧化锌絮凝沉降,从而防止其结块,改善其分散性。

(二)复方硫黄洗剂的制备

1. 处方

复方硫黄洗剂的处方见表 5.2.2。

表 5.2.2　复方硫黄洗剂的处方

原辅料名称	用量
沉降硫黄	3 g
硫酸锌溶液	25 mL
樟脑醑	25 mL
甘油	5 mL
5% 新洁尔灭溶液	4 mL
蒸馏水(加至)	100 mL

2. 制备工艺

将沉降硫黄置于乳钵中,加甘油研匀;再加新洁尔灭溶液研成糊状,然后缓慢加入硫酸锌溶液,研磨均匀;以细流方式慢慢加入樟脑醑并急速研磨(或搅拌),随加随研至呈均匀混悬状,再加蒸馏水至 100 mL,搅匀即得。

3. 性状

本品为黄色混悬液,有硫黄、樟脑的特殊气味。

4. 用途

复方硫黄洗剂具有保护皮肤、抑制皮脂分泌、轻度杀菌与收敛的作用,用于治疗皮脂溢出症、痤疮、疥疮等。

5. 注意事项

(1)沉降硫黄为轻质疏水性药物,加甘油既可使硫黄表面亲水,又可增强洗剂的稠度,有利于硫黄在混悬剂中均匀分散。

(2)新洁尔灭为阳离子型表面活性剂,可降低硫黄与水的界面张力,起润湿剂的作用,使硫黄分散均匀,增强药效。

(3)樟脑醑是樟脑的 10% 的醇溶液,加入时应急速搅拌或研磨,以免樟脑因溶剂改变而析出大颗粒。

（4）硫酸锌溶液的制备：称取硫酸锌 3 g，溶于 25 mL 水中，摇匀即得。

（三）混悬液沉降容积比的测定及重新分散性考察

1. 沉降容积比的测定

将不同处方炉甘石洗剂分别置于 100 mL 具塞量筒中，密塞，振摇 1 min，记录初始高度 H_0 后静置并计时，分别在 5、15、30、60、90、120 min 后记录沉降物的高度 H_u，填入表 5.2.3 中，最后计算沉降容积比 F。注意具塞量筒的大小粗细尽量一致。

表 5.2.3　沉降容积比的测定结果

时间（min）	炉甘石洗剂									
	处方 I		处方 II		处方 III		处方 IV		处方 V	
	H_u	F	H_u	F	H_u	F	H_u	F	H_u	F
5										
15										
30										
60										
90										
120										

2. 重新分散实验

将不同处方炉甘石洗剂静置一段时间（一周或根据实际情况而定），将具塞量筒倒置翻转（一反一正为 1 次）。记录试管底部沉降物重新分散所需要的次数，填入表 5.2.4 中。如试管底部沉淀物始终未分散，以"结饼"结果记入。试管底部沉淀物重新分散所需次数越少，则混悬剂的重新分散性越好。

表 5.2.4　重新分散次数

炉甘石洗剂	处方 I	处方 II	处方 III	处方 IV	处方 V
翻转次数					

五、实验结果

（1）沉降曲线的绘制：根据表 5.2.3 的数据，以沉降容积比 F（H_u/H_0）为纵坐标、时间 t 为横坐标，绘制沉降曲线。

（2）重新分散实验：将各试管底部沉降物重新分散所需要的次数填入表 5.2.4 中。

（3）试分析炉甘石洗剂中各稳定剂的作用。

六、思考题

（1）根据斯托克斯定律并结合处方，简述影响混悬剂稳定性的主要因素有哪些。

（2）混悬剂的制备方法有哪些？ 比较炉甘石洗剂和复方硫黄洗剂，二者在制备方法上有何区别？

（3）优良的混悬剂应符合哪些要求？

（4）硫黄有升华硫黄、精制硫黄和沉降硫黄等，在复方硫黄洗剂中，为何选用沉降硫黄？

实验三　注射剂的制备

一、实验目的

（1）掌握注射剂的制备方法及工艺过程中的操作要点。

（2）掌握影响注射剂成品质量的因素。

（3）熟悉提高易氧化药物稳定性的基本方法及注射剂质量检查的内容。

二、实验原理

注射剂系指由药物与适宜的辅料制成的供注入体内的无菌制剂。注射剂可分为注射液、注射用无菌粉末与注射用浓溶液等。注射液包括溶液型、乳状液型和混悬型等，可用于皮下注射、皮内注射、肌内注射、静脉注射、静脉滴注等，其中，供静脉滴注用的大容量注射液（除另有规定外，一般不小于 100 mL）也称输液。注射用无菌粉末系指由药物与适宜的辅料制成的供临用前用无菌溶液配制成澄清溶液或均匀混悬液的无菌粉末或无菌块状物；可用适宜的注射用溶剂配制后注射，也可用静脉输液配制后静脉滴注。注射用浓溶液系指由药物与适宜的辅料制成的供临用前稀释后静脉滴注用的无菌浓溶液。

注射剂的生产过程包括原辅料的准备、配制、灌封、灭菌、质量检查和包装等步骤。对注射剂所用的原辅料，应从来源及生产工艺等环节进行严格控制并使其符合注射用的质量要求。注射剂所用的溶剂应安全无害，且与其他药用成分的兼容性良好，不得影响活性成分的疗效和质量；一般分为水性溶剂和非水性溶剂。

配制注射剂时，可根据需要加入适宜的附加剂，如渗透压调节剂、pH 调节剂、增溶剂、助溶剂、抗氧剂、抑菌剂、乳化剂和助悬剂等。注射剂所用的附加剂不得影响药物疗效，同时应避免对检验产生干扰，且使用浓度不得引起毒性或明显的刺激性；多剂量包装的注射液可加适宜的抑菌剂，抑菌剂的用量以能抑制注射液中微生物的生长为宜；加有抑菌剂的注射液，仍应采用适宜的方法灭菌；静脉输液与脑池内、硬膜外、椎管内用的注射液均不得加抑菌剂；除另有规定外，一次注射量超过 15 mL 的注射液也不得加抑菌剂；注射用无菌粉末应按无菌操作法制备。

易氧化药物在配制注射剂时需加抗氧化剂、金属络合剂，必要时在灌装过程中可填充经过处理的二氧化碳或氮气等，以排出容器内的空气，并立即熔封。

在制备混悬型注射液、乳状液型注射液的过程中，要采取必要的措施，保证粒子大小符合质量标准的要求。注射用无菌粉末应标明配制溶液所用的溶剂类型，必要时应标注溶剂量。

注射剂的质量要求如下。①pH值：注射剂的pH值应与血液的pH值（约为7.4）相等或相近，一般控制在4~9的范围内。②渗透压：要求与血浆的渗透压相等或相近，供静脉注射的大剂量注射剂还要求具有等张性。③稳定性：注射剂必须具有必要的物理稳定性和化学稳定性，以确保产品在贮存期内安全、有效。④安全性：注射剂必须对机体无毒性，无刺激性，降压物质必须符合规定，确保安全。⑤澄明：溶液型注射液应澄明，不得含有可见的异物或不溶性微粒。⑥无菌：注射剂内不应含有任何活的微生物。⑦无热原：注射剂内不应含热原，热原检查必须符合规定。

三、主要仪器与材料

（1）主要仪器：磁力搅拌器、pH计、垂熔玻璃漏斗、微孔滤膜过滤器、熔封机、滴定管、澄明度检测仪、紫外－可见分光光度计、烧杯、具塞三角瓶、量筒、天平、电炉、滤纸、脱脂棉、玻璃棒、空安瓿等。

（2）主要材料：维生素C、碳酸氢钠、乙二胺四乙酸二钠（EDTA-2Na）、焦亚硫酸钠、盐酸、氯化钠、针用活性炭、亚甲基蓝、注射用水等。

四、实验内容

1. 维生素C注射液的处方

维生素C注射液的处方见表5.3.1。

表5.3.1　维生素C注射液的处方

原辅料名称	用量
维生素C	5.0 g
碳酸氢钠	2.4 g
乙二胺四乙酸二钠	0.005 g
焦亚硫酸钠	0.2 g
注射用水（加至）	100 mL

2. 制备工艺

（1）原辅料质检与投料计算：供注射用的原料药与辅料必须经检验达到注射用原料标准才能使用。

（2）空安瓿的处理：空安瓿→灌水→处理→洗涤→烘干→灭菌。

（3）注射液的配制：量取占处方量80%的注射用水，通入N_2至饱和，加入维生素C，待其溶解后分次缓缓加入碳酸氢钠，搅拌使其溶解，调节药液pH值为5.8~6.2；加入乙二胺四乙酸二钠、焦亚硫酸钠溶解，搅拌均匀，添加N_2饱和的注射用水至足量；用G3垂熔漏斗预漏，再用0.22 μm的微孔滤膜过滤器精滤；检查滤液澄明度。

（4）灌注与熔封：将过滤合格的药液立即灌装于2 mL安瓿中，通N_2于安瓿上部空间；要求装量准确，药液不沾安瓿颈壁；随灌随封，熔封后的安瓿顶部应圆滑，无尖头，无鼓泡或凹陷现象。

（5）灭菌与检漏：将灌封好的安瓿用100 ℃流通蒸汽灭菌15 min；灭菌完毕后立即将安瓿放入1%亚甲基蓝水溶液中，剔除变色安瓿，将合格安瓿洗净、擦干，供质量检查。

3. 性状

本品为无色至微黄色的澄明液体。

4. 用途

用于防治坏血病，促进胶原蛋白和骨胶原的合成，改善脂肪和类脂，特别是胆固醇的代谢，预防心血管病等。

5. 注意事项

（1）维生素C容易被氧化，致使颜色变黄，含量下降，金属离子可加速这一反应过程，同时pH值对其稳定性的影响也较大。因此，在安瓿中通入N_2，在处方中加入抗氧化剂、金属络合剂和碳酸氢钠。此外，在制备过程中应避免与金属用具接触。

（2）维生素C显强酸性，加入碳酸氢钠使其部分中和成钠盐，既可调节维生素C的pH值，使其稳定在6.0左右，又可减弱维生素C溶液的酸性，以免注射时产生疼痛；将碳酸氢钠加入维生素C溶液中的速度要慢，以防止产生大量气泡使溶液溢出，同时要不断搅拌，以防局部碱性过强，造成维生素C的破坏。

（3）当维生素C溶液中含有0.000 2 mol/L铜离子时，其氧化速度可以加快10^4倍，故常用乙二胺四乙酸二钠络合金属离子。

6. 质量检查

（1）颜色检查：按照现行版《中国药典》中规定的溶液颜色检查法进行检查。取本品加水稀释成每1 mL含维生素C 50 mg的溶液，按照紫外－分光光度法，在420 nm波长处测定，吸收度不得超过0.06。

（2）装量检查：照现行版《中国药典》中规定的装量检查法进行检查。2 mL安瓿检查5支，每支的装量均不得少于其标示量。

（3）pH值：应为5.0~7.0。

（4）可见异物检查：照现行版《中国药典》中规定的可见异物检查法进行检查。应用灯检法在暗室中进行。装置包括：带有遮光板的日光灯光源（光照度可在1 000~4 000 lx范围内调节）；不反光的黑色背景；不反光的白色背景和底部（供检查有色异物）；反光的白色背景（指遮光板内侧）。取供试品20支（瓶），除去容器标签，擦净容器外壁，必要时将药液转移至洁净透明的适宜容器内，将供试品置于遮光板边缘处，在明视距离（指供试品至人眼的清晰观测距离,通常为 25 cm),手持容器颈部,轻轻旋转和翻转容器(但应避免产生气泡),使药液中可能存在的可见异物悬浮,分别在黑色和白色背景下目视检查,重复观察,总检查时限为 20 s。供试品装量每支(瓶)在 10 mL 及 10 mL 以下的,每次检查可手持 2 支(瓶)。供试品溶液中有大量气泡产生以至于影响观察时,需静置足够时间至气泡消失后再检查。

五、实验结果

(1)将维生素 C 注射液颜色、装量、pH 值、可见异物检查结果填于表 5.3.2 中。

表 5.3.2　维生素 C 注射液质量检查结果

检查项目	颜色	装量	pH	可见异物
检查结果				
结果判断				

(2)分析和讨论质量检查结果。

六、思考题

(1)注射用水制备时主要采用哪些方法,分别用到哪些设备?
(2)制备注射剂的环节有哪些? 污染注射剂的途径有哪些?
(3)注射剂的辅料有哪些? 质量要求和使用注意事项有哪些?
(4)制备注射剂的操作要点是什么? 制备注射剂为什么要考虑等渗和等张? 如何调整和计算?

实验四　口服液的制备

一、实验目的

(1)熟悉中药提取浓缩机组的操作原理。
(2)熟悉口服液灌装机的操作流程。

二、实验原理

中药口服液系指中药材经过适当提取、纯化,加入适宜的添加剂制成的一种口服液体制剂。中药口服液是在汤剂、合剂的基础上发展起来的一种新型液体制剂,口服液服用剂量小,吸收迅速,质量相对稳定,携带、贮存、服用方便,安全、卫生,适合大规模生产,但口服液成本较高。

中药口服液的制备过程为:浸出→纯化→浓缩→分装→灭菌。

三、主要仪器与材料

（1）主要仪器:中药提取浓缩机组、口服液灌装机等。
（2）主要材料:金银花、黄芩、连翘等。

四、实验内容

1. 双黄连口服液处方

双黄连口服液处方见表5.4.1。

表 5.4.1　双黄连口服液处方

原辅料名称	用量
金银花	375 g
黄芩	375 g
连翘	750 g

2. 制备工艺

黄芩加水煎煮3次,第一次2 h,第二、三次各1 h,合并煎液,滤过;滤液浓缩并在80 ℃下加入2 mol/L盐酸适量,调节pH值至1.0~2.0,保温1 h,静置12 h,滤过;向沉淀中加6~8倍水,用40%氢氧化钠溶液调节pH值至7.0,再加等量乙醇,搅拌使测定溶解,滤过;滤液用2 mol/L盐酸调节pH值至2.0,在60 ℃下保温30 min,静置12 h,滤过;沉淀用乙醇洗至pH值为7.0,回收乙醇备用。金银花、连翘加水温浸30 min后,煎煮2次,每次1.5 h,合并煎液,滤过;滤液浓缩为相对密度为1.20~1.25(70~80 ℃)的浸膏,冷却至40 ℃时向其中缓缓加入乙醇,使溶液含醇量达75%,充分搅拌,静置12 h,滤过;合并乙醇液,回收乙醇至无醇味,加入上述黄芩提取物,并加水适量,以40%氢氧化钠溶液调节pH值至7.0,搅匀,冷藏（4~8 ℃）72 h,滤过;向滤液中加入蔗糖300 g,搅拌使其溶解,再加入香精适量并调节pH值至7.0,加水制成1 000 mL溶液,搅匀,静置12 h,滤过,灌装,灭菌即得。

3. 性状

本品为棕红色的澄清液体,味甜,微苦。

4. 功能与主治

本品疏风解表,清热解毒。用于治疗外感风热所致的感冒,症见发热、咳嗽、咽痛。

五、思考题

（1）简述影响药材浸出的因素。
（2）画出提取浓缩机组工作示意图。
（3）简述口服液灌装机的工作流程。

实验五　滴眼剂的制备

一、实验目的

（1）掌握滴眼剂的制备方法及质量检查方法。

（2）熟悉滴眼剂常用附加剂的种类及等渗调节的方法。

二、实验原理

滴眼剂是指由药物与适宜辅料制成的无菌水性或油性澄明溶液、混悬液或乳状液，它是供滴入眼部的液体制剂。滴眼剂用于眼黏膜，每次用量 1 至 2 滴，起杀菌、消炎、收敛、扩瞳、局部麻醉、保护等作用。由于眼部组织柔嫩、敏感等特点，因此对滴眼剂的质量和制备方法有比较严格的要求，近似于注射剂。

一般滴眼剂为多剂量包装，在反复使用过程中与环境及病眼接触，易造成污染，需加抑菌剂。一般滴眼剂要求无致病菌，尤其不得有铜绿假单胞菌和金黄色葡萄球菌。用于眼外伤及手术的滴眼剂不宜加抑菌剂，应严格灭菌，采用单剂量包装。对热稳定的滴眼剂制备流程为：

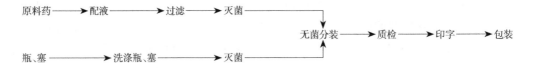

三、主要仪器与材料

（1）主要仪器：电子天平、烧杯、G3 垂熔玻璃漏斗、输液瓶、滴眼剂瓶、灌注器、灭菌器、澄明度检测仪、无菌操作柜等。

（2）主要材料：氯霉素、硼砂、硼酸、羟苯乙酯、羟丙甲纤维素、氯化钠、苯扎氯铵溶液、注射用水等。

四、实验内容

（一）氯霉素滴眼液的制备

1. 处方

氯霉素滴眼液的处方见表 5.5.1。

表 5.5.1　氯霉素滴眼液的处方

原辅料名称	用量
氯霉素	0.25 g
硼砂	0.3 g
硼酸	1.9 g
羟苯乙酯	0.03 g
注射用水（加至）	100 mL

2. 制备工艺

（1）容器的处理：塑料滴眼剂瓶可用 75% 乙醇吸入消毒,再用注射用水洗至无醇味,沥干备用。

（2）配液：称取 1.9 g 硼酸、0.3 g 硼砂溶于约 90 mL 热注射用水中（90 ℃左右）,然后加入 0.25 g 氯霉素与 0.03 g 羟苯乙酯,搅拌溶解,加注射用水至 100 mL,测定 pH 值合格（6~8）后,用 G3 垂熔玻璃漏斗过滤至澄明,滤液灌封于干净的输液瓶中,用煮沸法灭菌 30 min。

（3）无菌分装：在无菌操作柜内将灭菌的氯霉素溶液分装于滴眼剂瓶中,密封,加塞,即得。

3. 性状

本品应为无色或几乎无色的澄明液体。

4. 用途

本品用于治疗结膜炎、沙眼、角膜炎和眼睑缘炎。

5. 注意事项

（1）本品在 pH 值约为 6 时最稳定。

（2）氯霉素对热较稳定,配液时可加热以加快溶解速度。

（3）本品亦可用硝酸苯汞（0.005%）或羟苯甲酯（0.02%）作为抑菌剂。

（二）人工泪液的制备

1. 处方

人工泪液的处方见表 5.5.2。

表 5.5.2　人工泪液的处方

原辅料名称	用量
羟丙甲纤维素	0.3 g
氯化钠	0.37 g
苯扎氯铵溶液	0.02 mL
氯化钠	0.45 g
硼酸	0.19 g

续表

原辅料名称	用量
硼砂	0.19 g
注射用水（加至）	100 mL

2. 制备工艺

（1）容器的处理：塑料眼药滴眼剂瓶可用 75% 乙醇吸入消毒，再用注射用水洗至无醇味，沥干备用。

（2）配液：称取羟丙甲纤维素溶于适量注射用水中，依次加入硼砂、硼酸、氯化钠、氯化钾、苯扎氯铵溶液，再添加注射用水至全量，搅拌均匀，测定 pH 值合格（6~8）后，用 G3 垂熔玻璃漏斗过滤至澄明，滤液灌封于干净的输液瓶中，用煮沸法灭菌 30 min。

（3）无菌分装：在无菌操作柜内将灭菌的人工泪液分装于滴眼剂瓶中，密封，加塞，即得。

3. 性状

本品为无色澄明液体。

4. 用途

本品可提高眼表湿度和润滑性，消除眼部不适，用于治疗眼干燥症。

5. 注解

（1）羟丙甲纤维素为增稠剂，其 2% 溶液在 20 ℃时的黏度为 3 750~5 250 mPa·s。

（2）处方中的苯扎氯铵溶液系苯扎氯铵的 50% 水溶液。

五、实验结果

（1）将氯霉素滴眼液、人工泪液性状检查结果填入表 5.5.3 中。

表 5.5.3　氯霉素滴眼液、人工泪液的形状检查结果

制剂	颜色	臭味	澄明度	pH
氯霉素滴眼液				
人工泪液				

（2）分析产品质量情况，讨论影响产品质量的主要实验步骤。

六、思考题

（1）结合本实验的处方，讨论滴眼剂处方设计应考虑的问题。

（2）滴眼剂中选择抑菌剂应考虑哪些问题？

（3）调节 pH 值和渗透压时应注意哪些方面？

（4）处方中硼酸、硼砂、羟苯乙酯各起什么作用？

实验六　散剂的制备

一、实验目的

（1）掌握散剂的制备方法及等量递增混合方法。

（2）熟悉散剂的常规质量检查方法。

二、实验原理

散剂是指药物与适宜的辅料经粉碎、均匀混合而制成的干燥粉末状制剂，供内服或外用。按药物性质可分为一般散剂、含毒性成分散剂、含液体成分散剂、含低共熔成分散剂。其外观应干燥、疏松、混合均匀、色泽一致，且装量差异限度、水分及微生物限度应符合规定。一般内服散剂，应通过 5~6 号筛；用于消化道溃疡病的散剂、儿科和外用散剂应通过 7 号筛；眼用散剂则应通过 9 号筛。

散剂的制备工艺流程为：粉碎→过筛→混合→分剂量→质量检查→包装。

散剂制法较为简便，其中混合操作是制备散剂的关键。目前常用的混合方法有搅拌混合、过筛混合、研磨混合等。混合均匀度是散剂质量的重要指标。含有少量毒性药品及贵重药品的散剂，为保证混合均匀，应采用等量递加法（配研法）混合；对含有少量挥发油及共熔成分的散剂，可用处方中其他固体成分吸收，再与其他成分混合。散剂一般采取密封包装与密闭贮藏，以避免贮藏过程中吸潮、变质。

三、主要仪器与材料

（1）主要仪器：研钵、天平、药筛等。

（2）主要材料：麝香草酚、薄荷脑、薄荷油、樟脑、水杨酸、升华硫、硼酸、氧化锌、淀粉、滑石粉、甘草、朱砂、氯化钠、氯化钾、枸橼酸钠、葡萄糖等。

四、实验内容

（一）痱子粉的制备

1. 处方

痱子粉的处方见表 5.6.1。

表 5.6.1　痱子粉的处方

原辅料名称	用量
麝香草酚	0.6 g
薄荷脑	0.6 g
薄荷油	0.6 mL

续表

原辅料名称	用量
樟脑	0.6 g
水杨酸	1.4 g
升华硫	4.0 g
硼酸	8.5 g
氧化锌	6.0 g
淀粉	10.0 g
滑石粉（加至）	100.0 g

2. 制备工艺

取麝香草酚、薄荷脑、樟脑研磨形成低共熔物，与薄荷油混匀。另将水杨酸、硼酸、氧化锌、升华硫及淀粉分别研细，混匀，用混合细粉吸收共熔物，最后按等量递增法加入滑石粉研匀，使成 100 g，过 7 号筛，即得。

3. 性状

本品为白色粉末，气香。

4. 用途

本品可散风除湿，清凉止痒，用于治疗汗疹、痱毒。

5. 注意事项

制备时先将麝香草酚、薄荷脑、樟脑制成低共熔物。

（二）复方枸橼酸钠散的制备

1. 处方

复方枸橼酸钠散的处方见表 5.6.2。

表 5.6.2　复方枸橼酸钠散的处方

原辅料名称	用量
氯化钠	3.5 g
氯化钾	1.5 g
枸橼酸钠	2.9 g
葡萄糖	20.0 g

2. 制备工艺

称取氯化钠、氯化钾、枸橼酸钠、葡萄糖，分别研细，混合均匀，即得。

3. 性状

本品为白色粉末。

4. 用途

本品用于治疗腹泻、呕吐等引起的轻度和中度脱水。

5. 注意事项

混合时可以采用研磨、过筛或搅拌的方法。

(三)益元散的制备

1. 处方

益元散的处方见表 5.6.3。

表 5.6.3 益元散的处方

原辅料名称	用量
滑石粉	30 g
甘草	5 g
朱砂	1.5 g

2. 制备工艺

将少量滑石粉放于研钵中先行研磨,使其内壁饱和,再将多余的滑石粉倒出;另将朱砂置于研钵中,以等量递增法与滑石粉研匀,倒出;最后取甘草置于研钵中,再等量递增加入上述混合物研匀,即得。

3. 性状

本品为浅粉红色的粉末,味甜。

4. 功能与主治

本品清暑利湿,用于治疗身热心烦、口渴喜饮、小便短赤等症状。

5. 注意事项

朱砂与甘草混合易出现"咬色"现象,故需先将滑石粉与朱砂混匀,再与甘草混合。

五、实验结果

(1)将痱子粉、复方枸橼酸钠散、益元散的性状检查结果填于表 5.6.4 中。

表 5.6.4 散剂质量检查结果

药品	性状	均匀度	气味
痱子粉			
复方枸橼酸钠散			
益元散			

(2)分析产品质量情况,讨论影响产品质量的主要实验步骤。

六、思考题

（1）等量递增法的原则是什么？

（2）何谓低共熔？常见的低共熔组分有哪些？

（3）散剂中药物在粉碎时需注意哪些问题？

实验七 颗粒剂和胶囊剂的制备

一、实验目的

（1）熟悉整粒机、颗粒包装机的工作原理。

（2）熟悉胶囊填充机的工作原理。

二、实验原理

颗粒剂（granules）是将药物与适宜的辅料配合而制成的颗粒状制剂，一般分为可溶性颗粒剂、混悬型颗粒剂和泡腾性颗粒剂；若粒径在105~500 μm范围内，又称之为细粒剂。其主要特点是可以直接吞服，也可以冲入水中饮服，应用和携带比较方便，溶出和吸收速度较快。

胶囊剂（capsules）是将药物或加有辅料的药物充填于空心硬质胶囊或弹性软质囊材中而制成的制剂。一般供口服。上述硬质或软质胶囊壳多以明胶为原料制成，现也用甲基纤维素、海藻酸钙（或海藻酸钠）、聚乙烯醇、变性明胶及其他高分子材料，以改变胶囊剂的溶解性能。

三、主要仪器与材料

（1）主要仪器：喷雾干燥机、整粒机、药筛、电热鼓风干燥箱、颗粒包装机、半自动胶囊填充机。

（2）主要材料：黄连、大黄、黄芩、蔗糖、糊精等。

四、实验内容

（一）一清颗粒

1. 处方

一清颗粒的处方见表5.7.1。

表 5.7.1 一清颗粒的处方

原辅料名称	用量
黄连	165 g

续表

原辅料名称	用量
大黄	500 g
黄芩	250 g

2. 制备工艺

以上三味,分别加水煎煮 2 次,第一次 1.5 h,第二次 1 h,合并煎液,滤过,滤液减压浓缩为相对密度约为 1.25(70 ℃下)的浸膏,喷雾干燥成干浸膏粉;将上述三种浸膏粉合并,加入适量蔗糖与糊精,混匀,制成颗粒,干燥,分装成 125 袋,即得。

3. 性状

本品为黄褐色的颗粒,味微甜、苦。

4. 功能与主治

本品清热泻火解毒,化瘀凉血止血。用于治疗火毒血热所致的身热烦躁、目赤口疮、咽喉牙龈肿痛、大便秘结、吐血、咯血、痔血,以及咽炎、扁桃体炎、牙龈炎见上述症候者。

(二)一清胶囊

1. 处方

一清胶囊的处方见表 5.7.2。

表 5.7.2 一清胶囊的处方

原辅料名称	用量
黄连	660 g
大黄	2 000 g
黄芩	1 000 g

2. 制备工艺

以上三味,分别加水煎煮 2 次,第一次 1.5 h,第二次 1 h,合并煎液,滤过,滤液分别减压浓缩,喷雾干燥,制得黄芩浸膏粉及大黄和黄连的混合浸膏粉。两种浸膏粉分别制颗粒,干燥,粉碎,加入淀粉、滑石粉和硬脂酸镁适量,混匀,装入胶囊,制成 1 000 粒,即得。

3. 性状

本品为硬胶囊,内容物为浅黄色至黄棕色的粉末,气微,味苦。

4. 功能与主治

同一清颗粒。

五、思考题

(1)颗粒包装时应着重注意哪些问题?

(2)简述胶囊填充机的操作流程。

实验八 片剂的制备及评定

一、实验目的

（1）通过片剂制备，掌握湿法制粒压片的工艺过程。

（2）掌握压片机的使用方法及片剂质量的检查方法。

二、实验原理

片剂是应用最广泛的药物剂型之一。片剂的制备方法有制颗粒压片（分为湿法制粒和干法制粒）、粒末直接压片和结晶直接压片，其中湿法制粒压片最常见。现将传统湿法制粒压片的生产工艺过程介绍如下：

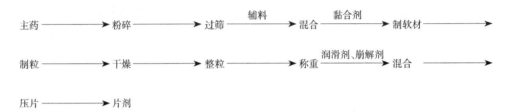

整个流程中各工序都直接影响片剂的质量。制备片剂的药物和辅料在使用前必须经过干燥、粉碎和过筛等处理，方可投料生产。为了保证药物和辅料的混合均匀性以及适宜的溶出速度，药物的结晶须粉碎成细粉，一般要求粉末细度在 100 目以上。向已混匀的粉料中加入适量的黏合剂或润湿剂，用手工方式或混合机混合均匀制软材。软材的干湿程度应适宜，除用微机自动控制外，也可凭经验掌握，即以"握之成团，轻压即散"为度。软材可通过适宜的筛网制成均匀的颗粒。过筛制得的颗粒一般要求较完整，如果颗粒中含细粉过多，说明黏合剂用量过小；若呈线条状，则说明黏合剂用量过大。在这两种情况下制成的颗粒烘干后，往往出现太松或太硬的现象，都不符合压片对颗粒的要求。制好的湿颗粒应尽快干燥，干燥的温度由物料的性质而定，一般为 50~60 ℃；对湿热稳定者，干燥温度可适当提高。湿颗粒干燥后，需过筛整粒以便将黏结成块的颗粒散开，同时加入润滑剂和以外加法加入的崩解剂并与颗粒混匀。整粒用筛的孔径与制粒时所用筛孔相同或略小。

制成的片剂需按照《中国药典》规定的片剂质量标准进行检查。检查的项目，除片剂的外观、色泽、硬度、含量外，还包括重量差异和崩解时限。对有些片剂产品，《中国药典》还要求检查溶出度和含量均匀度，并规定：凡检查溶出度的片剂，不再检查崩解时限；凡检查含量均匀度的片剂，不再检查重量差异。

另外，在片剂的制备过程中，所施加的压力不同，所用的润滑剂和崩解剂等的种类不同，都会对片剂的硬度或崩解时限产生影响。

三、主要仪器与材料

（1）主要仪器：粉碎机、颗粒机、电热鼓风干燥箱、药筛、压片机、电子天平、片剂硬度仪、智能崩解仪、脆碎度测定仪、溶出试验仪等。

（2）主要材料：加巴喷丁、淀粉、糊精、羧甲基淀粉钠、硬脂酸镁等。

四、实验内容

1. 加巴喷丁片剂的处方

加巴喷丁片剂的处方见表 5.8.1。

表 5.8.1　加巴喷丁片剂的处方

原辅料名称	用量
加巴喷丁	5.0 g
淀粉	2.0 g
糊精	3.0 g
羧甲基淀粉钠	1.0 g
硬脂酸镁	0.1 g
10% 淀粉浆	适量

2. 制备工艺

（1）10% 淀粉浆的制备：将 0.2 g 枸橼酸（或酒石酸）溶于约 20 mL 蒸馏水中，再加入约 2 g 淀粉分散均匀，加热糊化，制成 10% 淀粉浆。

（2）制颗粒：取处方量加巴喷丁与淀粉混合均匀，加适量 10% 淀粉浆制软材，过 16 目筛制粒，湿颗粒于 40~60 ℃下干燥，用 16 目筛整粒并与羧甲基淀粉钠、硬脂酸镁混匀。

（3）压片。

3. 质量检查与评定按一定的频率

本实验学习检查片剂重量差异、脆碎度、崩解时限和溶出度等各项指标。

1）重量差异检查

取药片 20 片，精密称定其总质量，求得平均片重后，再分别精密称定各片的质量。将每片质量与平均片重相比较，超出重量差异限度（见表 5.8.2）的药片不得多于 2 片，且不得有 1 片超出限度 1 倍。

表 5.8.2　重量差异限度

平均片重	重量差异限度
0.30 g 以下	±7.5%

续表

平均片重	重量差异限度
0.30 g 或 0.30 g 以上	± 5%

2）脆碎度检查

取药片，按《中国药典》中附录规定的检查方法，用脆碎度测定仪检查，记录检查结果。

检查方法如下：片重为 0.65 g 或以下者取若干片，使其总质量约为 6.5 g；片重大于 0.65 g 者取 10 片。用吹风机吹去脱落的粉末，精密称药片总质量，然后将其置于圆筒中，转动 100 次；取出，同法除去粉末，精密称重，减失质量不得超过 1%，且不得检出断裂、龟裂及粉碎的片。

3）崩解时限检查

采用吊篮法，方法如下：取药片 6 片，分别置于吊篮的玻璃管中，每管各加 1 片，开动仪器使吊篮浸入温度为（37±1.0）℃的水中，按一定的频率（30~32 次/min）和幅度 [（55±2）mm] 往复运动。从片剂置于玻璃管开始计时，至片剂完全破碎且全部固体粒子都通过玻璃管底部的筛网（φ2 mm）为止，该时间即为该片剂的崩解时间，应符合规定崩解时限。

4）硬度检查

采用片剂硬度仪对药片进行硬度检查。

5）溶出度检查

参照《中国药典》的规定进行操作。

五、实验结果

自行设计表格，将上述实验结果列入表中。

六、思考题

（1）影响片剂崩解的因素有哪些？

（2）影响片剂成型的因素有哪些？

实验九　滴丸剂的制备

一、实验目的

（1）通过小红参滴丸的制备，掌握用滴制法制备滴丸的操作工艺要点。

（2）了解滴丸的制备原理及影响滴丸质量的主要因素。

二、实验原理

滴丸剂系指固体或液体药物与水溶性基质混匀、加热熔化后，滴入不相混溶的冷却液中,收缩冷凝成丸的一种速效或高效制剂。滴丸的成型与基质种类、含药量、冷却液以及冷却温度等多种因素有关。滴液密度与冷却液密度相差过大,沉降速度过快,则不易得到球形滴丸;冷却距离不足或冷却温度偏高,均使滴丸不能充分固化而互相粘连。

小红参为茜草科植物滇西草的根,主要有效成分为醌类衍生物,味甘、微苦、性温,为云南民间用药,具有补血活血、镇静止痛的功效,临床上用于治疗风湿疼痛、跌打损伤、月经不调、头晕失眠、贫血等。采用固体分散技术,将其制成滴丸,可使药物成分在基质中以分子状态均匀分散,形成固体溶液,药物含量高,服用量小,起效快,疗效高,并能提高药物在体内的生物利用度。

三、主要仪器与材料

（1）主要仪器:烧杯、量筒、天平、蒸发皿、滴丸机等。

（2）主要材料:小红参、聚乙二醇 6000、二甲基硅油、乙醇等。

四、实验内容

1. 小红参滴丸的处方

小红参滴丸的处方见表 5.9.1。

表 5.9.1　小红参滴丸的处方

原辅料名称	用量
小红参浸膏	4.3 g
聚乙二醇 6000	6.0 g

2. 制备工艺

1）提取

取小红参生药材 20 g,粉碎成粗粉,浸泡 12 h,分别用 6 倍、4 倍药材量的 60% 乙醇回流提取 2 次,时间分别为 1.5 h 和 1 h。合并 2 次的提取液,过滤,回收乙醇,滤液浓缩成浸膏备用。

2）滴丸制备

取小红参浸膏 4.3 g、聚乙二醇 6000 6.0 g 加热熔融,混匀,置于滴丸装置（85 ℃恒温）中,控制滴速为（8±2）滴/min,滴入冷却的二甲基硅油 [（4±2）℃] 中,滴制成丸,取出,用石油醚洗去冷却剂,置于干燥器内室温干燥,即得。

3. 质量检查

（1）形状:滴丸外观应呈球状,大小均匀,色泽一致。

（2）重量差异:取滴丸 20 丸,精密称定其总质量,求得平均丸重后,再分别精密称定各丸质量。将每丸质量与平均丸重相比较,超出重量差异限度的滴丸不得多于 2 丸,且不得有1 丸超出限度 1 倍。

（3）溶散时限：按《中国药典》中附录规定的检查方法测定。

五、注意事项

（1）熔融液内的气泡必须除尽，才能使滴丸呈高度分散状态且外形光滑。

（2）滴制时药液的温度不宜低于 80 ℃，否则在滴口易凝固而不易滴下。

六、思考题

（1）影响滴丸成型、形状和质量的因素有哪些？应如何控制？

（2）滴丸在应用上有何特点？

实验十　软膏剂的制备

一、实验目的

（1）掌握乳剂型基质软膏剂的制备方法。

（2）熟悉使用锥入度计测定软膏剂稠度的方法。

二、实验原理

软膏剂系指药物与适宜的基质均匀混合制成的有适当稠度的半固体外用制剂，主要用于局部疾病的治疗，可发挥抗感染、消毒、止痒、止痛、麻醉等作用。基质为软膏剂的赋形剂，对软膏剂的形成和药效发挥有重要意义。用乳剂型基质制备的软膏剂称乳膏剂，乳剂型基质有 W/O 型和 O/W 型两种。软膏剂的常用附加剂有抗氧化剂、防腐剂等。

软膏剂可根据药物与基质的性质用研合法、熔合法和乳化法制备。制得的软膏剂应均匀、细腻，具有适当的黏稠性，易涂于皮肤上且对黏膜无刺激性。软膏剂在存放过程中应无酸败、异臭、变色、变硬、油水分离等变质现象。

软膏剂的质量检查项目包括主药含量、性状、刺激性、稳定性、药物释放性能的测定等。

三、主要仪器与材料

（1）主要仪器：烧杯、玻璃棒、电子天平、数显调节水浴锅、锥入度计等。

（2）主要材料：硝酸咪康唑、单硬脂酸甘油酯、硬脂醇、液体石蜡、丙二醇、聚山梨酯 -80、对羟基苯甲酸乙酯、蒸馏水等。

四、实验内容

1. 硝酸咪康唑软膏的处方

硝酸咪康唑软膏的处方见表 5.10.1。

表 5.10.1　硝酸咪康唑软膏的处方

原辅料名称	用量
硝酸咪康唑	2.0 g
单硬脂酸甘油酯	12.0 g
硬脂醇	5.0 g
液体石蜡	5.0 g
丙二醇	15.0 g
聚山梨酯 -80	3.0 g
对羟基苯甲酸乙酯	0.1 g
蒸馏水（加至）	100.0 g

2. 制备工艺

按处方量取单硬脂酸甘油酯、硬脂醇、液体石蜡,加热熔化,混匀,保温 75 ℃左右,另取聚山梨酯 -80、对羟基苯甲酸乙酯及部分丙二醇溶于与上同温的蒸馏水中,将油相缓缓加入水相,边加边搅拌,等温度降至 40 ℃以下时,加入预先用适量丙二醇调匀的硝酸咪康唑糊状物,混匀,即得。

3. 检查

检查性状、刺激性等项目。

4. 稠度的测定

使用锥入度计,测量 5 次取平均值。

五、实验结果

1. 性状

本品应为白色或类白色软膏。

2. 刺激性

将软膏涂在皮肤上,评价是否细腻,记录皮肤的感觉,观察黏稠性与涂布性。

3. 稠度

记录稠度测定值,计算平均值。

六、思考题

（1）乳剂型基质制备时应注意什么？

（2）影响药物从基质中释放的因素有哪些？

实验十一　栓剂的制备及置换价的测定

一、实验目的

（1）掌握热熔法制备栓剂的流程及操作要点。

（2）熟悉置换价测定方法及应用、栓剂质量评价的方法。

二、实验原理

栓剂是指药物与适宜的基质均匀混合后制成的具有一定形状的专供腔道给药的固体制剂，常温下为固体，纳入腔道后能迅速溶解或软化。根据栓剂中药物吸收的特点，栓剂可以发挥局部作用或全身作用。临床常用的栓剂主要有直肠栓和阴道栓，另外还有尿道栓、耳用栓、鼻用栓等，其中使用最广泛的是直肠栓和阴道栓。根据使用腔道不同，栓剂常制成鱼雷形、圆锥形、圆柱形、球形、卵形、鸭嘴形等。

栓剂主要由药物和基质组成，根据需要可加入适量附加剂。药物要求能溶于基质或均匀混悬于基质中，除另有规定外，应为 100 目以上的粉末。基质可分为油脂性基质与水溶性基质两类。油脂类基质常用可可豆脂、半合成或全合成脂肪酸甘油酯等。水溶性基质常用品种有甘油明胶、聚乙二醇、泊洛沙姆、聚氧乙烯单硬脂酸酯类。栓剂根据需要可加入硬化剂、增稠剂、吸收促进剂、抗氧化剂和防腐剂等。

栓剂的制备方法主要有热熔法、冷压法和搓捏法三种，其中热熔法最为常用。热熔法制备栓剂的工艺流程为：基质→熔化→药物混合→注入栓模→冷却→削平→脱模→质检→包装。

在制备过程中，为了使栓剂冷却后易于从栓模中推出，在注入前应涂适量润滑剂。润滑剂的性质应与基质的性质相反，水溶性基质涂油溶性润滑剂，如液体石蜡或植物油等；油溶性基质涂水溶性润滑剂，如软皂乙醇液（软皂、甘油各 1 份及 90% 乙醇 5 份混合而成）。

置换价（DV）指主药的质量与同体积基质质量的比值。通常情况下，同一模型的容积是相同的，但制成的栓剂的质量则随基质与药物密度的不同而有差异。为了确定不同栓剂的基质用量，保证药物剂量的准确性，常需测定药物的置换价。对于药物与基质的密度相差较大及药物含量较高的栓剂，置换价的测定显得尤为重要。可用以下公式计算药物对基质的置换价。

$$DV = \frac{W}{G-(M-W)}$$

式中：W 为每枚栓剂中主药的质量；G 为每枚纯基质栓剂的质量；M 为每枚含药栓剂的质量。

根据上式求得的置换价，求算出每枚栓剂中应投料的基质质量（x）为

$$x = G - \frac{y}{DV}$$

式中:y 为处方中药物的剂量。

现行版《中国药典》规定,栓剂在生产和贮存期间应符合以下要求:外形完整光滑;纳入腔道后应无刺激性,应能熔化、软化或溶化,并与分泌液混合,逐渐释放出药物,产生局部或全身治疗作用;应有适宜的硬度,并应作重量差异和融变时限等多项检查。

三、主要仪器与材料

(1)主要仪器:烧杯、玻璃棒、水浴锅、栓模、栓剂融变时限测定仪、量筒、电子天平等。

(2)主要材料:乙酰水杨酸、吲哚美辛、甘油、硬脂酸、氢氧化钠、半合成脂肪酸甘油酯、聚氧乙烯(40)单硬脂酸酯、液体石蜡、蒸馏水等。

四、实验内容

(一)置换价的测定

以乙酰水杨酸为模型药物,用半合成脂肪酸甘油酯作为基质进行置换价测定。

1. 纯基质栓的制备

(1)处方:半合成脂肪酸甘油酯 10 g。

(2)制备工艺:取半合成脂肪酸甘油酯 10 g 置于干燥的烧杯中,于水浴中加热,待 2/3 基质熔化时停止加热,搅拌使全熔,待基质呈黏稠状态时,倾入预先涂有软皂乙醇液的栓模中,冷却至完全固化,削去栓模上溢出的部分,脱模,得到完整的纯基质栓数枚,称重,每枚纯基质的平均质量为 $G(g)$。

2. 含药栓(乙酰水杨酸栓)的制备

(1)处方:乙酰水杨酸栓的处方见表 5.11.1。

表 5.11.1　乙酰水杨酸栓的处方

原辅料名称	用量
半合成脂肪酸甘油酯	6 g
乙酰水杨酸	3 g

(2)制备工艺:取半合成脂肪酸甘油酯 6 g 置于干燥的烧杯中,于水浴中加热,待 2/3 基质熔化时停止加热,搅拌使全熔;称取乙酰水杨酸粉末(100 目)3 g,分次加入已熔化的基质中,搅拌使药物分散均匀,待混合物呈黏稠状态时,倾入预先涂有软皂乙醇液的栓模中,冷却至完全固化,削去栓模上溢出的部分,脱模,得到完整的含药栓数枚,称重,每枚含药栓的平均质量为 $M(g)$,每枚栓剂含药量 $W = M \times X\%$,其中 $X\%$ 为栓剂含药百分量。

(3)计算:将上述得到的 G、M、W 代入公式,计算得到乙酰水杨酸对半合成脂肪酸甘油酯的置换价。

(二)吲哚美辛栓的制备

1. 处方

吲哚美辛栓的处方见表 5.11.2。

表 5.11.2　吲哚美辛栓的处方

原辅料名称	用量
吲哚美辛(100 目)	1 g
聚氧乙烯(40)单硬脂酸酯	16 g

2. 制备工艺

取聚氧乙烯(40)单硬脂酸酯置于烧杯中,于 60 ℃的水浴中加热熔化,搅拌均匀,加入吲哚美辛,搅拌使药物分散均匀,待混合物呈黏稠状态时,倾入预先涂有液体石蜡的栓模中,冷却至完全固化,削去栓模上溢出的部分,脱模,质检,包装,即得。

3. 用途

本品为非甾体抗炎药,具有解热、镇痛的功效。可用于治疗急、慢性风湿性关节炎,痛风性关节炎及癌性疼痛,也可用于治疗滑囊炎、腱鞘炎及关节囊炎等,还可用于治疗胆绞痛、输尿管结石症引起的绞痛。此外,对偏头痛有一定的疗效,也可用于月经痛。

4. 性状

本品为白色或淡黄色栓。

5. 注意事项

(1)注模时应注意混合物的温度,若温度太高,混合物稠度小,栓剂易发生中空和顶端凹陷。应在混合物稠度较大时注模,灌至模口稍有溢出为度,且要一次完成。

(2)注模前要涂润滑剂以利于脱模,油脂性基质选择的润滑剂的配方为软皂:甘油:90% 乙醇 =1∶1∶5。

(3)注模后要对栓模进行适当敲振,使其填充密实。

(三)甘油栓的制备

1. 处方

甘油栓的处方见表 5.11.3。

表 5.11.3　甘油栓的处方

原辅料名称	用量
甘油	10 g
硬脂酸	0.8 g
氢氧化钠	0.12 g
蒸馏水	1.4 mL

2. 制备工艺

称取甘油置于烧杯中,于水浴(100 ℃)中加热,加入研细的硬脂酸、氢氧化钠和水,不断搅拌使其溶解,继续于85~95 ℃下保温至澄清,倾入预先涂有液体石蜡的栓模中,冷却至完全固化,削去栓模上溢出的部分,脱模,质检,包装,即得。

3. 性状

本品为白色或几乎无色的透明或半透明栓。

4. 用途

本品为润滑性泻药。

5. 注意事项

(1)制备甘油栓时,水浴要保持沸腾,硬脂酸细粉应少量分次加入,与碱充分反应后,直至溶液澄明才能停止加热,产生的二氧化碳须除尽,否则所得的栓剂内含有气泡,影响美观。

(2)注模前应将栓模预热,注模后缓缓冷却,冷却太快会影响栓剂质量。

(四)栓剂的质量检查

1. 外观

检查上述制备的栓剂外观是否完整,表面亮度是否一致,有无斑点和气泡。将栓剂纵向剖开,观察药物分散是否均匀。

2. 重量差异

按照现行版《中国药典》中栓剂项下的重量差异检查法进行检查。取栓剂10粒,精密称定总质量,计算平均质量,再分别精密称定各粒的质量。将每粒质量与平均粒重相比较,超出重量差异限度(平均粒重1.0 g及1.0 g以下者 ±10%,1.0 g以上至3.0 g者 ±7.5%,3.0 g以上者 ±5.0%)的不得多于1粒,且不得超出限度1倍。

3. 融变时限

按照现行版《中国药典》中规定的融变时限检查法进行检查。取栓剂3粒,在室温放置1 h后,进行检查。脂肪性基质的栓剂应在30 min内全部熔化、软化或触压时无硬芯;水溶性栓剂应在60 min内全部溶解。

五、实验结果

(1)根据置换价计算公式计算乙酰水杨酸对半合成脂肪酸甘油酯的置换价。

(2)栓剂的各项质量检查结果记录于表5.11.4中。

表5.11.4 栓剂质量检查结果

药品	外观	质量(g)	重量差异	融变时限(min)
乙酰水杨酸栓				
吲哚美辛栓				
甘油栓				

六、思考题

（1）为什么不同基质栓剂在制备过程中控制不同的温度？

（2）用热熔法制备栓剂，注模时应注意哪些问题？如何避免栓剂中产生气泡？

（3）甘油栓的制备原理是什么？操作时应注意哪些要点？

（4）栓剂在选择基质时主要考虑哪些因素？

实验十二　膜剂的制备

一、实验目的

（1）掌握实验室制备膜剂的方法和操作注意事项。

（2）熟悉膜剂常用成膜材料的性质和特点。

二、实验原理

膜剂是指将药物溶解或均匀分散于成膜材料中制成的薄膜状剂型。通常厚度为 0.1~0.2 mm，面积依临床应用部位而有差别。可供内服（如口服、口含、舌下）、外用（如皮肤、黏膜）、腔道用（如阴道）、植入或眼用等。根据结构分类，膜剂有单层膜、多层膜、夹心膜等。

膜剂成型主要取决于成膜材料。常用的成膜材料分为天然高分子材料和合成高分子材料两种：天然高分子材料有明胶、阿拉伯胶、琼脂、海藻酸及其盐、纤维素衍生物等；合成高分子材料有丙烯类、乙烯类高分子聚合物，如聚乙烯醇（PVA）、聚乙烯醇缩乙醛、聚乙烯吡咯烷酮（PVP）、乙烯－醋酸乙烯共聚物（EVA）及丙烯酸树脂类等。其中最常用的成膜材料是 PVA，由聚醋酸乙烯酯类经醇解而得。PVA 的性质主要由其相对分子质量和醇解度决定，相对分子质量越大，水溶性越差，但水溶液的黏度越大，成膜性能越好。国内应用的多为 PVA05-88 和 PVA17-88 这两种规格，它们的平均聚合度分别为 500 和 1 700。前者相对分子质量较小，在水中的溶解度较大而水溶液的黏度较小；后者相对分子质量较大，在水中的溶解度较小而水溶液的黏度较大。这两种规格 PVA 的醇解度均为 88%，一般认为此时水溶性最好，在温水中能很快溶解。

膜剂处方中除主药和成膜材料外，一般还需加入增塑剂、表面活性剂、填充剂、着色剂等附加剂；制备时需根据成膜材料性质加入适宜的脱膜剂，如以 PVA 为膜材时，脱膜剂可采用液体石蜡。

膜剂的制备一般采用涂膜法，工艺流程为：配制成膜材料浆液→加入药物、附加剂混匀→脱泡→涂膜→干燥→脱膜→质检→分剂量→包装。

膜剂制备时常见的问题及产生的原因有：干燥温度太高或玻璃板等未洗净、未涂润滑剂导致药膜不易剥离；开始干燥温度太高会导致药膜表面有不均匀气泡；油的含量太高以及成膜材料选择不当使得药膜走油;固体成分含量太高使得药粉从药膜上"脱落";增塑剂太少或太多会导致药膜太脆或太软;未经过滤或溶解的药物从浆液中析出结晶会导致药膜中有粗大颗粒;浆液久置、药物沉淀以及不溶性成分粒子太大导致药膜中药物含量不均匀。

三、主要仪器与材料

（1）主要仪器:恒温水浴锅、研钵、玻璃板、烘箱、玻璃棒等。

（2）主要材料:甲硝唑、PVA 17-88、甘油、硝酸钾、CMC-Na、聚山梨酯-80、糖精钠、蒸馏水等。

四、实验内容

（一）甲硝唑口腔溃疡膜的制备

1. 处方

甲硝唑口腔溃疡膜的处方见表 5.12.1。

表 5.12.1 甲硝唑口腔溃疡膜的处方

原辅料名称	用量
甲硝唑	0.3 g
PVA 17-88	5.0 g
甘油	0.3 g
蒸馏水	50 mL

2. 制备工艺

取 PVA、甘油、蒸馏水,混合后搅拌,待 PVA 浸泡溶胀后于 90 ℃的水浴中加热使其溶解,趁热用 80 目筛网过滤,滤液放冷后加甲硝唑,搅拌使之溶解,放置一定时间除气泡,然后将溶液倒在玻璃板(预先涂少量液体石蜡)上用刮板法制膜,于 80 ℃下干燥后将膜切成 1 cm^2 的小片,包装即得。

3. 注意事项

（1）PVA 在浸泡溶胀时应加盖,以免水分蒸发,导致其难以充分溶胀。溶解后应趁热过滤(放冷后不易过滤),除去杂质。

（2）药物与胶浆混匀后应静置除去气泡,涂膜时不宜搅拌,以免形成气泡。除气泡后应及时制膜,久置后药物易沉淀,使含量不均匀。

（二）硝酸钾牙用膜剂的制备

1. 处方

硝酸钾牙用膜剂的处方见表 5.12.2。

表 5.12.2 硝酸钾牙用膜剂的处方

原辅料名称	用量
硝酸钾	1.5 g
CMC-Na	3.0 g
聚山梨酯 -80	0.3 g
甘油	0.3 g
糖精钠	0.1 g
蒸馏水	适量

2. 制备工艺

取 3.0 g CMC-Na 加蒸馏水 60 mL 浸泡,放置过夜,次日于水浴中加热溶解,制成胶浆。另取 0.3 g 甘油、0.3 g 聚山梨酯 -80 混匀,向其中加入 1.5 g 硝酸钾、0.1 g 糖精钠、5 mL 蒸馏水,必要时加热使其溶解,在搅拌下将其倒入胶浆内,于 40 ℃下保温除泡,制膜,在 80 ℃下烘干,即得。

五、注意事项

(1)成膜材料 CMC-Na 在水中浸泡的时间必须充足,以保证充分溶胀;水浴加热溶解时温度不宜超过 40 ℃。

(2)硝酸钾应完全溶解于水中后再与胶浆混匀,且制膜后应立即烘干,以免硝酸钾析出结晶,造成药膜中有粗大结晶及药物含量不均匀。

六、实验结果

(1)将膜剂性状检查结果记录于表 5.12.3 中。

表 5.12.3 膜剂性状检查结果

名称	性状
甲硝唑口腔溃疡膜	
硝酸钾牙用膜剂	

(2)试根据实验结果分析 PVA17-88 与 CMC-Na 的成膜性能差异。

七、思考题

(1)小量制备膜剂时,常用哪些成膜方法?其操作要点有哪些?

(2)膜剂处方中各种辅料的作用是什么?膜剂制备时,如何防止气泡的产生?

实验十三　固体分散体的制备与验证

一、实验目的

（1）掌握熔融法制备固体分散体的工艺。
（2）熟悉固体分散体的鉴定方法。

二、实验原理

固体分散体（SD）是将难溶性药物高度分散在适宜的固体材料中所形成的固体分散体系。药物以分子、胶态、微晶或无定形等形式均匀分散在固体载体材料中，用以提高药物的分散度、减小药物的粒径、增大药物的表面积和加快药物的溶出速度。

固体分散体的主要作用为加快难溶性药物的溶出速度。固体分散体的载体可分为水溶性、难溶性和肠溶性三种类型。水溶性载体材料常用高分子聚合物、表面活性剂和有机酸及糖等，其中较为常用的有聚乙烯吡咯烷酮（PVP）、聚乙二醇（PEG）等。

固体分散体的制备方法主要有熔融法、溶剂法和溶剂－熔融法等。

熔融法是将药物与载体混匀，加热至熔融，将熔融物在剧烈搅拌下迅速冷却至固体，或将熔融物倒在不锈钢板上，使其形成薄层，在板的另一面吹冷空气或用冰使其骤冷迅速成为固体，然后将混合物固体在一定温度下放置，使其变脆，从而易于粉碎。

溶剂法也称共沉淀法，它是将药物与载体材料共同溶于有机溶剂中，蒸去有机溶剂后使药物与载体材料同时析出，得到共沉淀固体分散体，经干燥即得。

溶剂－熔融法是将药物溶于少量有机溶剂中，然后将此溶液加入已熔融的载体中搅拌均匀，待其冷却固化后得到固体分散体。药物溶液在固体分散体中所占的质量分数一般不超过10%，否则难以形成脆而易碎的固体。

固体分散体的形成可以通过测定药物溶解度和溶出速度的改变、热分析法、X射线衍射法、红外分光光度法、扫描电镜观察法和核磁共振波谱法等来分析鉴定。

三、主要仪器与材料

（1）主要仪器：坩埚、研钵、微孔滤膜、容量瓶、电子天平、紫外分光光度计等。
（2）主要材料：PEG6000、布洛芬、氢氧化钠、蒸馏水。

四、实验内容

（一）固体分散体的制备

1. 处方
固体分散体的处方见表5.13.1。

表 5.13.1　固体分散体的处方

原辅料名称	用量
布洛芬	0.5 g
PEG6000	4.5 g

2. 制备工艺

（1）用熔融法制备固体分散体：按处方量称取布洛芬及 PEG6000，于坩埚中混匀，置于电炉上加热至熔融；将熔融物倒在不锈钢盘上（盘下放置冰块），使其形成薄层，熔融物骤冷迅速成为固体，冷却 10 min，粉碎，即得。

（2）物理混合物的制备：按处方量称取布洛芬及 PEG6000，于乳钵中研磨混合均匀，即得。

3. 注意事项

（1）为防止湿气的引入，应避免采用水浴锅加热。加热温度应控制在辅料熔点以上，但加热时间不宜过长，加热温度不宜过高，以免对药物和辅料的稳定性造成影响。

（2）用熔融法制备固体分散体的关键在于熔融物料的骤冷，故将熔融的物料倾倒在不锈钢盘内，不锈钢盘置于冰上。为保持冷却过程中的干燥环境，将此盘置于冰箱冷冻室内保存。粉碎和称量操作注意快速进行，以免吸潮。

（二）溶解度的测定

1. 标准曲线的制备

精密称取布洛芬对照品 30 mg 于 50 mL 容量瓶中，用 0.4% 氢氧化钠溶液溶解并稀释至刻度，摇匀。精密吸取上述溶液 1.0、3.0、5.0、7.0、9.0 mL 于 10 mL 容量瓶中，用 0.4% 氢氧化钠溶液稀释至刻度，摇匀，于 265 nm 处测定吸光度（A）。求出标准曲线回归方程，备用。

2. 布洛芬原料药溶解度的测定

精密称取 0.05 g 布洛芬的原料药，加水 20 mL，搅拌 5 min，用 0.45 μm 微孔滤膜过滤，取续滤液 9 mL 于 10 mL 容量瓶中，加 4% 氢氧化钠溶液稀释至刻度，摇匀。在波长为 265 nm 处测定吸光度，记为 A_1。

3. 物理混合物中布洛芬溶解度的测定

精密称取 0.5 g 布洛芬的物理混合物（相当于 0.05 g 布洛芬），加水 20 mL，搅拌 5 min，用 0.45 μm 微孔滤膜过滤，取续滤液 9 mL 于 10 mL 容量瓶中，加 4% 氢氧化钠溶液稀释至刻度，摇匀。在波长为 265 nm 处测定吸光度，记为 A_2。

4. 固体分散体中布洛芬溶解度的测定

精密称取 0.5 g 布洛芬的固体分散体（相当于 0.05 g 布洛芬），加水 20 mL，搅拌 5 min，用 0.45 μm 微孔滤膜过滤，取续滤液 9 mL 于 10 mL 容量瓶中，加 4% 氢氧化钠溶液稀释至刻度，摇匀。在波长为 265 nm 处测定吸光度，记为 A_3。

将以上三种物料的吸光度代入标准曲线回归方程，计算每种样品中布洛芬的溶解度。

5. 注意事项

在溶解度的测定中,均为搅拌 5 min 进行平行操作,以 5 min 的溶出量来测定布洛芬原料药、物理混合物、固体分散体中布洛芬的溶解度。

五、实验结果

1. 填写实验结果

将布洛芬原料药、物理混合物、固体分散体中布洛芬的溶解度的测定结果填于表 5.13.2 中。

表 5.13.2　布洛芬原料药、物理混合物、固体分散体中布洛芬的溶解度测定

样品	A	溶解度
原料药		
物理混合物		
固体分散体		

2. 讨论

（1）比较三个样品的溶解度,并对此进行合理的解释。

（2）本实验中测定溶解度时,每种样品溶出均以搅拌 5 min 为限,控制时间有何意义?

六、思考题

（1）PEG6000 在使用时是否需要粉碎过筛? 其粒径大小对物理混合物中布洛芬的溶解度是否有影响? 对用熔融法制备的固体分散体中布洛芬的溶解度是否有影响?

（2）简述固体分散体速释和缓释的原理。

（3）固体分散体在贮藏期内容易发生老化现象,采用什么方法可以延缓其老化,提高其稳定性?

实验十四　包合物的制备与测定

一、实验目的

（1）掌握用饱和水溶液法制备包合物的方法和包合率的测定方法。

（2）熟悉 β- 环糊精(β-CD)的性质及包合物的验证方法。

二、实验原理

包合物是一种分子被包藏在另一种分子的空穴结构内形成的具有独特形式的复合物,由主分子和客分子组成。主分子即具有包合作用的外层分子,有较大的空穴结构,可以是单分子,也可以是多分子聚合而成。客分子是被包合到主分子空穴中的小分子物质。

环糊精为 6~12 个葡萄糖分子以 1、4- 糖苷键连接而成的环状化合物,常见的环糊精由 6、7、8 个葡萄糖分子构成,分别称为 α、β、γ- 环糊精,其中 β-CD 在水中的溶解度最小,易从水中析出,常作为制备包合物的材料。β-CD 的内径为 0.7~0.8 mm,其外围亲水,内部疏水,很多小分子有机物可包含在其内部空隙中形成包合物,从而提高药物的稳定性,增大难溶性药物的溶解度和生物利用度,减小药物的副作用和刺激性,使液态药物粉末化,掩盖药物的不良臭味,防止药物挥发等。

环糊精包合物常用的制备方法有研磨法、饱和水溶液法、超声法、冷冻干燥法、喷雾干燥法等。本实验采用饱和水溶液法(也称为重结晶法或共沉淀法)制备包合物,制备工艺流程为:β-CD+ 水→饱和水溶液→滴加被包合物→磁力搅拌→冷藏→滤过→沉淀物干燥。

包合率直接影响包合物的质量,包合物中挥发油的回收参照《中国药典》中规定的挥发油测定方法,采用水蒸气蒸馏法进行。挥发油的包合率采用下式计算:

包合率 = 包合物中挥发油回收量(mL)/ 挥发油加入量(mL)× 100%

除检查包合率外,可根据药物的性质选择不同的方法对包合物进行验证,判断是否形成包合物。常用的方法有显微镜法、薄层色谱法、热分析法、光谱法、X 射线衍射法、核磁共振法等。

三、主要仪器与材料

(1)主要仪器:恒温水浴锅、恒温磁力搅拌器、冰箱、循环水真空泵、挥发油提取器、电热套、烘箱等。

(2)主要材料:薄荷油、β- 环糊精、无水乙醇、95% 乙醇、石油醚、乙酸乙酯、香草醛、浓硫酸、蒸馏水等。

四、实验内容

(一)薄荷油 β-CD 包合物的制备

1. 处方

薄荷油 β-CD 包合物的处方见表 5.14.1。

表 5.14.1　薄荷油 β-CD 包合物的处方

原辅料名称	用量
薄荷油	2 mL
β-CD	8 g
蒸馏水	100 mL

2. 制备工艺

称取 β- 环糊精 8 g,加蒸馏水 100 mL,加热使其溶解;降温至 40 ℃时,滴加薄荷油 2 mL,恒温搅拌 2.5 h,冷藏 24 h,待沉淀完全后,滤过。用无水乙醇 5 mL 洗涤 3 次,至沉淀表面近无油渍,将包合物干燥,即得。

3. 性状

本品为白色干燥粉末。

4. 用途

本品为制剂的中间体,需要加入相应的片剂、颗粒剂、胶囊剂等固体制剂中发挥应有的治疗作用。

5. 注意事项

(1)薄荷油制成包合物后,可减少贮存过程中油的散失。

(2)β-CD 的溶解度在 25 ℃时为 1.79%, 45 ℃时可增大至 3.1%,制备过程应控制好温度,尽可能在 45 ℃以下完成。

(3)包合温度、药物与 β-CD 的配比、包合时间等均影响包合率,制备时应按实验要求进行操作。

(4)难溶于水的药物也可用少量有机溶剂(如乙醇等)溶解后再加入 β-CD 的饱和水溶液中进行包合。

(5)包合完成后应降低温度使包合物从水中析出,并通过冷藏使包合物析出沉淀比较完全。

(二)包合率的测定

1. 方法

采用水蒸气蒸馏法。取制备好的包合物,精密称定其质量;取约一半的包合物,精密称定质量,置于圆底烧瓶中,加蒸馏水 300 mL,连接挥发油提取器,蒸馏 2 h 以上,至油量不再增加,放置至室温,读取挥发油回收量(mL),计算挥发油包合率。

2. 注意事项

(1)为计算包合率,一定要先明确实验取用的包合物中应含有的挥发油的量(计算时按包合率为 100% 计),包合物的取样一定要准确。

(2)本实验采用水蒸气蒸馏法回收包合物中的挥发油,蒸馏时间要适宜,要确保所取包合物中的挥发油尽可能全部回收。

(三)包合物的验证

1. 方法

采用薄层色谱法。取薄荷油 β-CD 包合物 2 g,加入 95% 乙醇 2 mL,振摇 10 min,滤过,滤液为供试品溶液 Ⅰ。另取包合物 2 g 置于圆底烧瓶中,加蒸馏水 100 mL,连接挥发油提取器,提取挥发油;向提取得到的挥发油中加入 95% 乙醇 2 mL 使之溶解,作为供试品溶液 Ⅱ。再取薄荷油 2 滴,加入 95% 乙醇 2 mL 使之溶解,作为供试品溶液 Ⅲ。吸取上述三种供试品溶液各 5 μL,分别点于同一硅胶 G 薄层板上,以石油醚 - 乙酸乙酯(17：3)为展开剂,展开,取出,晾干,喷以 1% 香草醛硫酸液,在 105 ℃下烘至斑点显色清晰。

2. 注意事项

（1）为验证包合过程是否实现了对薄荷挥发油的包合，本实验制备了三种供试品溶液，预期实验结果是供试品溶液Ⅰ未出现明显斑点，而供试品溶液Ⅱ与供试品溶液Ⅲ的斑点情况基本一致，进而证明包合物中有挥发油，且在 β-CD 的空穴中。

（2）展开前，需要预饱和 15~20 min。

（3）喷显色剂时要注意安全，不要使显色剂与人的皮肤接触，以免灼伤；一旦显色剂与人的皮肤接触，要及时用水冲洗。

五、实验结果

1. 薄荷油 β-CD 包合物的性状检查及包合率测定

将薄荷油 β-CD 包合物的性状检查及包合率测定结果分别填于表 5.14.2 和表 5.14.3 中。

表 5.14.2　薄荷油 β-CD 包合物的性状检查结果

检查项目	检查结果
颜色	
形状	
臭味	

表 5.14.3　薄荷油 β-CD 包合物的包合率测定结果

测定项目	测定结果
包含物得到总量（g）	
包含物取样量（g）	
取样包合物中应含有的挥发油的量（mL）	
取样包合物中测得的挥发油的量（mL）	
包合率（%）	

2. 包合物的验证

将包合物的验证结果填于表 5.14.4 中。

表 5.14.4　薄荷油 β-CD 薄层色谱法验证结果

供试液类型	斑点出现情况
供试液Ⅰ	
供试液Ⅱ	
供试液Ⅲ	
结论及分析：	

六、思考题

（1）β-环糊精包合物的制备方法有哪些？

（2）本实验为什么选用β-环糊精作为主分子？它有什么特点？

（3）β-环糊精包合物的作用有哪些？

实验十五　微囊的制备及质量评价

一、实验目的

（1）掌握用复凝聚法制备微囊的原理、工艺及操作要点。

（2）熟悉微囊的成囊条件、影响因素及质量控制方法。

二、实验原理

微囊（microcapsules）是用天然、合成或半合成高分子材料（统称囊材）作为囊膜将固体或液体药物（统称囊心物）包裹而形成的微小胶囊，粒径为1~250 μm。根据需要可将微囊进一步制成散剂、胶囊剂、片剂、注射剂、软膏剂、凝胶剂等剂型。

药物微囊化后具有如下优势：①可以掩盖药物（如鱼肝油、氯贝丁酯）的不良臭味；②可以提高药物（如β-胡萝卜素、维生素C）的稳定性；③可以防止药物（如酶、蛋白）在胃内失活或减小药物（如吲哚美辛）对胃的刺激性；④使液体药物固体化，以便于应用和贮藏，如微囊粉末香精；⑤可以减少复方药物的配伍禁忌（如阿司匹林与扑尔敏配伍后可加速阿司匹林的降解，分别包囊后可改善这种情况）；⑥可制备缓释或控制制剂，如巴比妥类、长效避孕药；⑦可以使药物浓集于靶区，从而提高疗效，如秋水仙碱磁性微囊。

常见的微囊制备方法有三种：物理化学法、物理机械法、化学法。可根据药物和囊材的性质、微囊的粒径、释放性能和靶向性要求、设备条件等选择不同的制备方法。在实验室内常采用物理化学法中的凝聚法制备微囊。凝聚法有单凝聚法和复凝聚法之分，其中后者更常用。复凝聚法是采用带相反电荷的两种高分子材料作为囊材，在一定条件下交联且与药物凝聚成囊的方法。复凝聚法具有操作简便、容易掌握的优点，适合难溶性固体药物和液体药物微囊的制备。

微囊的囊心物可以是固体药物，也可以是液体药物。除主药外，还可酌情加入附加剂，如稳定剂、稀释剂、增塑剂、促进剂与阻滞剂。

常见的囊材有天然、合成、半合成高分子材料。明胶和阿拉伯胶是最常用的天然高分子材料。明胶是胶原蛋白经不可逆的加热水解反应的产物。根据制备时水解方法的不同，明胶有酸法明胶（A）型和碱法明胶（B）型之分。A型明胶的等电点pH值为7~9，B型明胶的等电点pH值为4.8~5.2。明胶是两性蛋白质，在水溶液中分子含有—NH₂、—COOH及相应的解离基团—NH₃⁺、—COO⁻。所含正负离子的多少受介质pH值的影响，pH值较低时—NH_3^+的数量多于—COO^-，反之，—COO^-的数量多于—NH_3^+。两种电荷相等时的 pH 值为等电点。当 pH 值在等电点以上时明胶带负电，当 pH 值在等电点以下时明胶带正电。两种明胶在成囊性能上无明显差异，均可生物降解，几乎无抗原性，通常可根据药物对酸碱性的要求选用 A 型或 B 型明胶。阿拉伯胶在水溶液中分子链上含有—COOH 和—COO^-，因此阿拉伯胶仅带负电荷。

复凝聚法（complex coacervation）制备微囊的原理如下：将溶液的 pH 值调至明胶的等电点以下使明胶带正电荷（pH 值为 4.0~4.5 时明胶带正电荷最多），阿拉伯胶带负电荷；由于正、负电荷相互吸引交联形成正、负离子的络合物，溶解度降低而凝聚成囊，加水稀释，再经甲醛交联固化，用水洗至无甲醛味，即得微囊。

囊材品种、胶液浓度、成囊温度、搅拌速度及 pH 值等因素，对成囊过程和成品质量都有重要影响，制备时应严格把握成囊条件。

微囊的质量评价项目包括外观形态、粒径、载药量、包封率、微囊中药物的释放速率、有机溶剂残留量等。

三、主要仪器与材料

（1）主要仪器：天平、组织捣碎机、磁力加热搅拌器、水浴锅、烘箱、抽滤装置等。

（2）主要材料：液体石蜡、A 型明胶、阿拉伯胶、37% 甲醛溶液、10% 醋酸溶液、20% 氢氧化钠溶液、蒸馏水等。

四、实验内容

（一）液体石蜡微囊的制备

1. 处方

液体石蜡微囊的处方见表 5.15.1。

表 5.15.1 液体石蜡微囊的处方

原辅料名称	用量
液体石蜡	6 mL
A 型明胶	5 g
阿拉伯胶	5 g
37% 甲醛溶液	2.5 mL
10% 醋酸溶液	适量
20% 氢氧化钠溶液	适量
蒸馏水	适量

2. 制备工艺

（1）5% 明胶溶液的配制：取明胶 5 g，加入适量蒸馏水浸泡溶胀，然后微热使其溶解。

加蒸馏水至 100 mL,搅匀,在 50 ℃下保温备用。

（2）5% 阿拉伯胶溶液的配制:取蒸馏水 80 mL 置于小烧杯中,加入阿拉伯胶粉末 5 g,加热至 80 ℃左右,轻轻搅拌使之溶解,加蒸馏水至 100 mL。

（3）液体石蜡乳的制备:取液体石蜡 6 mL 和 5% 阿拉伯胶溶液 100 mL 置于组织捣碎机中,乳化 5 min,即得液体石蜡乳。

（4）乳剂镜检:取液体石蜡乳一滴,置于载玻片上,进行镜检,绘制乳剂外观形态图。

（5）混合:将液体石蜡乳转入 1 000 mL 烧杯中,置于 50~55 ℃的水浴中,加入 5% 明胶溶液,轻轻搅拌使其混合均匀。

（6）微囊的制备:在不断搅拌下,滴加 10% 醋酸溶液于混合液中,调节 pH 值至 3.8~4.0。

（7）微囊的固化:在不断搅拌下,将 400 mL 蒸馏水（30 ℃）加至微囊液中,将含微囊液的烧杯自 50~55 ℃的水浴中取下,不停搅拌,使之自然冷却,待温度降至 32~35 ℃时,加入冰块,继续搅拌至温度降至 10 ℃以下,加入 37% 甲醛溶液 2.5 mL（用蒸馏水稀释 1 倍）,搅拌 15 min,再用 20% NaOH 溶液调整 pH 值至 8~9,继续搅拌 20 min,观察有析出为止,静置,使微囊沉降。

（8）镜检:在显微镜下观察微囊的形态,绘制微囊外观形态图。

3. 性状

本品为白色或类白色颗粒。

4. 注意事项

（1）实验所用的水为蒸馏水或去离子水,以避免水中的离子影响凝聚过程。

（2）配制 5% 明胶溶液时,应先使明胶充分溶胀至溶解（必要时加热）,以免结块不易溶解。

（3）微囊的制备过程始终伴随着搅拌,搅拌速度要适中:搅拌速度太慢,微囊易粘连;搅拌速度过快,微囊易变形。搅拌速度以产生泡沫最少为佳,必要时可加入几滴戊醇或辛醇消泡。固化前勿停止搅拌,以防止微囊粘连。

（4）用 10% 醋酸溶液调节 pH 值时,应逐滴加入,特别是当 pH 值接近 4 时应更小心,并随时取样在显微镜下观察微囊的形成。

（5）实验过程中应注意温度的控制。当温度接近凝固点时,微囊容易粘连,故加 400 mL 蒸馏水（30 ℃）的目的是稀释凝聚囊,以改善微囊形态。应搅拌至 10 ℃以下后再加入甲醛,有利于交联固化。

（6）采用复凝聚法制备微囊时,应在 50 ℃左右将其烘干,不宜室温或低温干燥,防止其粘连结块。

（二）质量评价

1. 外观

观察微囊的外观。

2. 形态

用光学显微镜、扫描或透射电子显微镜观察微囊外观形态,并绘图。

3. 粒径

可用校正过的带目镜测微仪的光学显微镜测定微囊的大小,亦可用库尔特计数器测定微囊的大小及粒度分布。

五、实验结果

1. 微囊的外观

观察并记录微囊的外观。

2. 微囊的形态

取少许湿微囊,加适量蒸馏水分散,盖上盖玻片(注意排除气泡),用显微镜镜检后,分别绘制乳剂和微囊的外观形态图,说明乳剂和微囊外观的区别。

3. 微囊大小的测定

取少许湿微囊,加适量蒸馏水分散,盖上盖玻片(注意排除气泡),用带刻标尺(已校正每格的微米数)的显微镜镜检,在显微镜下观察并测定 200 个微囊的粒径,然后按下式计算微囊的算数平均粒径 d_{av}。

$$d_{av} = (n_1 d_1 + n_2 d_2 + \cdots + n_n d_n)/(n_1 + n_2 + \cdots + n_n)$$

式中:$n_1, n_2, \cdots, n_n$ 分别为具有粒径 $d_1, d_2, \cdots, d_n$ 的粒子数。

六、思考题

(1)简述用复凝聚法制备微囊的工艺过程及操作要点。

(2)微囊制备的方法有哪些?

(3)影响微囊质量的因素有哪些?

(4)试比较用单凝聚法和复凝聚法制备微囊的异同点。

实验十六　脂质体的制备和包封率的测定

一、实验目的

(1)掌握脂质体的形成原理及薄膜分散法制备脂质体的工艺。

(2)熟悉用阳离子交换树脂法测定脂质体包封率的方法。

二、实验原理

脂质体是指药物包封于类脂质(如磷脂、胆固醇等)构成的双分子层结构中所制成的超微型封闭囊状载体。根据双分子层层数的不同,脂质体可分为单室脂质体(又分为大、小单室脂质体)和多室脂质体。

　　脂质体的主要成分是磷脂,其分子结构中有两条较长的疏水碳氢链(非极性尾部)和亲水的磷酸基团(极性头部)。将适量磷脂加入水或缓冲溶液中,其分子会产生自组装定向排列,疏水碳氢链彼此缔合为双分子层,而亲水基团在双分子层的两侧面向内外水相,以构成脂质体。制备脂质体所用磷脂有天然和合成两大类,前者如大豆卵磷脂、蛋黄卵磷脂,后者如二棕榈酰磷脂酰胆碱、二硬脂酰磷脂酰胆碱、二棕榈酰磷脂酰乙醇胺。为改善脂质体的性能,常需加入胆固醇、十八胺、磷脂酸等附加剂。胆固醇与磷脂混合使用,可调节脂质体双分子层的流动性,降低脂质体膜的通透性,从而有利于制备稳定的脂质体;十八胺、磷脂酸则可通过改变脂质体表面的电荷性质,改善其包封率、稳定性及体内分布等性能。

　　脂质体的制法,根据载药机制的不同,可分为主动载药和被动载药两大类。主动载药是先制备梯度空白脂质体,再利用其内外水相的不同离子或化合物梯度进行载药,包括 K^+-Na^+ 梯度、H^+ 梯度(即 pH 梯度),适用于包封率极易受包封条件影响的两亲性药物脂质体的制备。被动载药是先将药物溶于水相(对水溶性药物)或有机相(对脂溶性药物)中,再根据药物性质及制备要求,选择适宜方法以制得含药脂质体,是采用最多的一类方法,适用于脂溶性的且与磷脂膜亲和力高的药物脂质体的制备,其共同特点是在载药过程中脂质体的内外水相或双分子层膜上的药物浓度基本一致。决定其包封率的主要因素为药物与磷脂膜的作用力、膜材组成、脂质体内水相体积、脂质体数目及药脂比(即药物与磷脂膜材比)。

　　常见的脂质体的制备方法有以下五种。

　　(1)薄膜分散法:将磷脂等膜材溶于适量三氯甲烷或其他有机溶剂(可溶解脂溶性药物),在减压旋转下除去溶剂,使脂质在器壁形成薄膜,加入水或缓冲溶液(可溶解有水溶性药物),进行振摇,可形成多室脂质体,经超声处理后可得到小单室脂质体。该法操作简便,脂质体结构典型,但包封率较低。

　　(2)注入法: 分为乙醚注入法和乙醇注入法。前者是将膜材料(可包括脂溶性药物)溶于乙醚中,在搅拌下慢慢滴于 55~65 ℃含药或不含药的水性介质中,蒸去乙醚,继续搅拌 1~2 h,即可形成高浓度的脂质体,适用于易氧化降解及热敏感的脂质和药物,但较费时。后者是将脂质的乙醇溶液快速注入大量水性介质中,磷脂分子在水相中分散并相互缔合,形成高比例的小单层脂质体,但脂质体浓度不高,对水溶性药物的包封率极低且乙醇也不易除去。

　　(3)逆相蒸发法:将磷脂等脂溶性成分溶于乙醚、三氯甲烷等有机溶剂,再按一定比例加入待包封药物的水溶液混合、乳化,然后减压蒸去有机溶剂即可形成脂质体。该法包封水容积较大,适于包裹水溶性药物、大分子活性物质,可提高包封率,且脂质体大小、包封率都具较好的重现性。

　　(4)冷冻干燥法:将磷脂等高度分散在水溶液中,冷冻干燥,再分散到含药的水性介质中,形成脂质体。该法适于在水中不稳定的药物脂质体的制备。

　　(5)熔融法:先加少量水溶解磷脂和表面活性剂,然后将胆固醇熔融后与之混合,再滴入 65 ℃左右水相中保温制得。该法所得脂质体稳定性好,可加热灭菌,且不使用有机溶剂,较适合工业化生产。

脂质体的质量评价主要包括形态、粒径、表面电性、泄漏率、包封率、载药量等考察指标，其中包封率是评价脂质体制备过程的重要指标，其测定方法有分子筛法、超速离心法、超滤法、阳离子交换树脂法等。阳离子交换树脂法是利用离子交换作用，将荷正电的未包进脂质体中的药物（即游离药物），通过阳离子交换树脂吸附除去，而包封于脂质体中的药物不被树脂吸附，从而达到两者分离的目的。分别测定药物含量后，即可计算其包封率。

三、主要仪器与材料

（1）主要仪器：烧瓶、烧杯、容量瓶、量筒、移液管、玻璃棉、针筒注射器（5 mL）、微量注射器（100 μL）、微孔滤膜（0.8 μm）、电子天平、旋转蒸发仪、恒温水浴锅、磁力搅拌器、光学显微镜、紫外分光光度计等。

（2）主要材料：盐酸小檗碱、注射用大豆卵磷脂、胆固醇、无水乙醇、95% 乙醇、磷酸氢二钠、磷酸二氢钠、枸橼酸、枸橼酸钠、碳酸氢钠、732 型阳离子交换树脂等。

四、实验内容

（一）空白脂质体的制备

1. 处方

空白脂质体的处方见表 5.16.1，最后制得空白脂质体 60 mL。

表 5.16.1　空白脂质体的处方

原辅料名称	用量
注射用大豆磷脂	1.8 g
胆固醇	0.6 g
无水乙醇	4 mL
枸橼酸缓冲液	适量

2. 制备工艺

（1）枸橼酸缓冲液（pH 值约为 3.8）的配制：称取枸橼酸 10.5 g 和枸橼酸钠 7.0 g，置于 1 000 mL 容量瓶中，加水溶解并稀释至刻度，混匀，即得。取 60 mL 置于小烧杯内，在 55~60 ℃的水浴中保温，待用。

（2）称取处方量磷脂、胆固醇于 100 mL 烧瓶中，加无水乙醇 4 mL，在 55~60 ℃的水浴中加热，搅拌使其溶解，于旋转蒸发仪上旋转，使磷脂和胆固醇的乙醇液在壁上成膜，减压除去乙醇，制得脂质膜。

（3）将（1）中预热的枸橼酸缓冲液加至（2）中，转动下在 55~60 ℃的水浴中水化 10 min，取出移至烧杯内，将烧杯放在磁力搅拌器上，在室温下搅拌 20~30 min，如溶液体积减小，可补加蒸馏水至 60 mL，混匀，即得。

3. 注意事项

（1）实验过程中禁用明火。

（2）磷脂和胆固醇的乙醇溶液应澄清，不能在水浴中放置过长时间。

（3）制备脂质膜时，应尽量使其薄而均匀。

（4）水化时，要充分保证所有脂质水化，不得存在脂质块。

（二）盐酸小檗碱被动载药脂质体的制备

1. 处方

盐酸小檗碱被动载药脂质体的处方见表 5.16.2，最后制得被动载药脂质体 60 mL。

表 5.16.2　盐酸小檗碱被动载药脂质体的处方

原辅料名称	用量
注射用大豆磷脂	1.2 g
胆固醇	0.4 g
无水乙醇	4 mL
盐酸小檗碱溶液（1 mg/mL）	60 mL

2. 制备工艺

（1）磷酸盐缓冲液（PBS，pH 值约为 5.8）的配制：称取磷酸氢二钠（$Na_2HPO_4 \cdot 12H_2O$）0.37 g 与磷酸二氢钠（$NaH_2PO_4 \cdot 2H_2O$）2.0 g，加蒸馏水适量，溶解并稀释至 1 000 mL，混匀，即得。

（2）盐酸小檗碱溶液的配制：称取适量盐酸小檗碱，用 PBS 配成浓度为 1 mg/mL（在 60 ℃的水浴中加热溶解）的溶液。

（3）按处方量称取磷脂、胆固醇置于 100 mL 烧瓶中，加无水乙醇 4 mL，余下操作除将枸橼酸缓冲液换成盐酸小檗碱溶液外，与"空白脂质体的制备"项下的方法相同。

（三）盐酸小檗碱主动载药脂质体的制备

1. 处方

盐酸小檗碱主动载药脂质体的处方见表 5.16.3。

表 5.16.3　盐酸小檗碱主动载药脂质体的处方

原辅料名称	质量
空白脂质体	2 mL
碳酸氢钠溶液	0.5 mL
盐酸小檗碱溶液（3 mg/mL）	1 mL

2. 制备工艺

（1）盐酸小檗碱溶液的配制：称取适量盐酸小檗碱，用 PBS 配成浓度为 3 mg/mL（在 60 ℃的水浴中加热溶解）的溶液。

（2）碳酸氢钠溶液（pH 值约为 7.8）的配制：称取碳酸氢钠 50 g，置于 1 000 mL 容量瓶中，加水溶解并稀释至 1 000 mL，混匀，即得。

（3）主动载药：移取空白脂质体混悬液（通过 0.8 μm 微孔滤膜两遍整粒）2 mL、盐酸小檗碱溶液 1 mL、碳酸氢钠溶液 0.5 mL，在振摇下依次加于 10 mL 西林瓶中，混匀，加塞，在 60 ℃的水浴中保温孵育 15 min，随后立即用冷水降温，终止载药，即得。

3. 注意事项

（1）在主动载药过程中，加药顺序不能颠倒，要边加边摇，以确保混合均匀，使体系中各部位的梯度一致。

（2）水浴保温时，应注意随时轻摇（或每隔 1 min，手摇 20 s），以保证体系均匀为度，无须剧烈振摇。

（3）在冷却终止载药过程中也应轻摇。

（四）形态观察及粒径测定

取样，在油镜下观察脂质体的形态，画出脂质体的结构，记录脂质体的最大粒径和最多粒径；将所得脂质体液体通过 0.8 μm 微孔滤膜两遍整粒，再于油镜下观察脂质体形态，画出所见脂质体的结构，记录脂质体的最大粒径和最多粒径。

（五）包封率的测定

1. 阳离子交换树脂分离柱制备

称取已活化好的阳离子交换树脂适量，装于底部已垫有少量玻璃棉的 5 mL 注射器筒中，加入 PBS 水化阳离子交换树脂，自然滴尽 PBS，即得。

2. 柱分离度考察

（1）盐酸小檗碱与空白脂质体混合液的制备：精密量取盐酸小檗碱溶液（3 mg/mL）0.1 mL，置于小试管中，加入 0.2 mL 空白脂质体混悬液，混匀，即得。

（2）空白溶剂的配制：取 95% 乙醇 6 mL，置于 10 mL 容量瓶中，加入 PBS 稀释至刻度，摇匀，即得。

（3）对照品溶液的制备：精密移取（1）项所得混合液 0.1 mL，置于 10 mL 容量瓶中，加入 95% 乙醇 6 mL，振摇使之溶解，再加 PBS 稀释至刻度，摇匀，过滤、弃去初滤液，取续滤液 4 mL 于 10 mL 容量瓶中，加（2）项所得空白溶剂稀释至刻度，摇匀，即得。

（4）样品溶液的制备：精密移取（1）项所得混合液 0.1 mL，上样于阳离子交换树脂柱（柱长 1 cm）顶部，待顶部液体消失后，放置 5 min，仔细加入 2~3 mL PBS（注意不能将柱顶部的树脂冲散）进行洗脱，收集洗脱液于 10 mL 容量瓶中，加入 95% 乙醇 6 mL，振摇使之溶解，再加 PBS 稀释至刻度，摇匀，过滤，弃去初滤液，取续滤液即得。

（5）吸收度测定及柱分离度的计算：以空白溶剂为对照，在 345 nm 波长处分别测定样

品溶液与对照品溶液的吸收度,按下式计算柱分离度:

$$柱分离度 = 1 - A_{样}/(A_{对} \times 2.5)$$

式中:$A_{样}$为样品溶液的吸收度;$A_{对}$为对照品溶液的吸收度;2.5 为对照品溶液相对于样品溶液的稀释倍数;柱分离度要求大于 0.90。

3. 包封率的测定

精密移取盐酸小檗碱脂质体 0.1 mL 两份,一份置于 10 mL 容量瓶中,按"柱分离度考察"项下(2)进行操作,另一份置于分离柱顶部,按"柱分离度考察"项下(3)进行操作,所得溶液分别于 345 nm 波长处测定吸收度,按下式计算包封率:

$$包封率 = A_2/(A_1 \times 2.5) \times 100\%$$

式中:A_1为分离后脂质体中盐酸小檗碱的吸收度;A_2为分离前盐酸小檗碱脂质体中盐酸小檗碱的总吸收度;2.5 为分离前脂质体相对于分离后脂质体的稀释倍数。

五、实验结果

(1)绘制显微镜下脂质体的形态图,并进行描述。

(2)记录测定的脂质体的最大粒径和最多粒径,并填入表 5.16.4 中。

(3)记录测定的柱分离度与包封率,并填入表 5.16.4 中。

表 5.16.4　脂质体形态与粒径的测定结果

脂质体样品	形态	最大粒径(μm)	最多粒径(μm)	柱分离度	包封率(%)
空白脂质体					
盐酸小檗碱被动载药脂质体					
盐酸小檗碱主动载药脂质体					

六、思考题

(1)影响脂质体形成的主要因素有哪些?

(2)简述脂质体主动包载和被动包载药物的原理及其特点。

(3)如何提高脂质体对药物的包封率?

(4)对比分析用主动载药法与被动载药法制备盐酸小檗碱脂质体的优劣及其原因。本实验选择阳离子交换树脂测定包封率的依据是什么?

实验十七　缓释制剂的制备

一、实验目的

（1）掌握溶蚀型和亲水凝胶骨架型缓释片的释放机制和制备工艺。

（2）熟悉缓释片释放度的测定方法。

二、实验原理

缓释制剂系指在规定释放介质中，按要求缓慢地、非恒速地释放药物，与相应的普通制剂相比，给药频率比普通制剂减小一半或给药频率比普通制剂有所减小，且能显著增加患者的依从性的制剂。

缓释制剂设计要求考虑药物的理化因素、生物因素，制剂的生物利用度和峰、谷浓度比。缓释、控释制剂与普通制剂相比，药物可缓慢地释放进入体内，用药次数减少，药物治疗作用持久，毒副作用小。

缓释制剂分为骨架型缓释制剂和膜控型缓释制剂两大类。骨架型缓释制剂是指药物和一种或多种骨架材料通过压制、融合等技术手段制成的片状、粒状或其他形式的制剂，其中药物以分子或结晶状态均匀地分散在骨架结构中。骨架材料、制片工艺对骨架片的释药行为有着重要的影响。按照所使用的骨架材料骨架型缓释制剂可分为亲水凝胶骨架片（丸）、蜡质类骨架片（丸）和不溶性骨架片（丸）。

亲水凝胶骨架材料分为天然高分子材料、纤维素、非纤维素多糖、乙烯聚合物四类。以上材料遇水形成凝胶层，随着凝胶层继续水化，骨架膨胀，药物可通过水凝胶层扩散释出，延缓了药物的释放。蜡质类骨架片又称为溶蚀型骨架片，由生物溶蚀性骨架材料制备而得，依材料分为蜡类、脂肪酸及其酯类。本实验以布洛芬为模型药物制备溶蚀型和亲水凝胶型骨架片。

通常缓释制剂中所含的药物量比相应一次剂量的普通制剂大，制备工艺也较复杂。为了既能获得可靠的治疗效果，又不致引起药物突释带来毒副作用，必须在设计、试制、生产等环节避免或减少突释；体内和体外的释放行为均应符合临床要求，且不受或少受生理与食物因素的影响；还应有一个能反映体内基本情况的体外释放度实验方法以控制制剂质量，保证制剂的安全性与有效性。

缓释、控释制剂的释药原理主要有控制溶出、扩散、溶蚀或扩散与溶出相结合，也可以利用渗透压或离子交换机制。缓释制剂与控释制剂的区别在于：前者是按时间变化先多后少、非恒速地释放药物的，后者是按零级速率释放药物的。

三、主要仪器与材料

（1）主要仪器：单冲压片机、智能溶出仪、紫外－可见分光光度计、药筛（80目、100目）、分样筛(16目、18目)、容量瓶等。

（2）主要材料:布洛芬、硬脂醇、乙基纤维素、羟丙甲纤维素(HPMC)、乳糖、乙醇、硬脂酸镁等。

四、实验内容

(一)布洛芬溶蚀型骨架片的制备

1. 处方

布洛芬溶蚀型骨架片的处方见表5.17.1,最终制得50片。

表5.17.1　布洛芬溶蚀型骨架片的处方

原辅料名称	用量
布洛芬	15 g
硬脂醇	1.5 g
HPMC	1.2 g
硬脂酸镁	0.6 g

2. 制备工艺

（1）取布洛芬过100目筛,另将硬脂醇置于蒸发皿中,于80 ℃的水浴中加热熔化,加入布洛芬搅匀,冷却,置于研钵中研碎。

（2）加HPMC胶浆(向1.2 g HPMC中加入3 mL 80%乙醇制得)制成软材(若胶浆量不足,可再加适量80%乙醇),过18目筛制粒。

（3）将颗粒于35~45 ℃下干燥,过16目筛整粒,称重,加入硬脂酸镁混匀。

（4）计算片重,压片即得。每片含布洛芬300 mg。

(二)布洛芬亲水凝胶型骨架片的制备

1. 处方

布洛芬亲水凝胶型骨架片的处方见表5.17.2,最后制得50片。

表5.17.2　布洛芬亲水凝胶型骨架片的处方

原辅料名称	用量
布洛芬	1.5 g
乙基纤维素	0.2 g
HPMC	1.2 g
乳糖	11.5 g
硬脂酸镁	0.6 g
95%乙醇	适量

2. 制备工艺

（1）将布洛芬、乳糖分别过 100 目筛，HPMC 过 80 目筛，然后混合均匀；将乙基纤维素加入 95% 乙醇制成黏合剂，加入混合粉末中制备软材，过 18 目筛制粒。

（2）将颗粒于 40~60 ℃下干燥，过 16 目筛整粒，称重，加入硬脂酸镁混匀。

（3）计算片重，压片即得。每片含布洛芬 300 mg

3. 性状

本品为白色或微带黄色圆形小片。

4. 用途

本品用于减轻中度疼痛，如关节痛、神经痛、肌肉痛、偏头痛、头痛、痛经、牙痛，也可用于感冒和流感引起的发热。

5. 注意事项

软材湿度要适中，否则颗粒不能成功制备；颗粒要充分干燥，否则会产生黏冲现象。

（三）释放度考察

1. 标准曲线制作

精密称取布洛芬对照品约 20 mg，置于 100 mL 容量瓶中，用 0.4% 氢氧化钠溶液溶解，摇匀并定容。分别精密移取该溶液 2.5、5.0、7.5、10.0、12.5、15.0 mL，置于 50 mL 容量瓶中，用 0.4% 氢氧化钠溶液定容。按分光光度法，在波长 263 nm 处测定吸光度，以吸光度对浓度进行回归分析，得到标准曲线回归方程，并绘制标准曲线。

2. 释放度测定

取亲水凝胶型骨架片或溶蚀型骨架片，照现行版《中国药典》中规定的释放度测定法测定。

采用溶出度测定法——桨法的装置，以磷酸盐缓冲液（取磷酸二氢钾 68.05 g，加入 1 mol/L 氢氧化钠溶液 56 mL，用水稀释至 10 000 mL，摇匀，pH 值应为 6.0）900 mL 为释放介质，温度为（37 ± 0.5）℃，转速为 50 r/min，经 0.15、0.5、0.45、1、1.5、2、3、4、5、7、9、12 h 分别取样 10 mL，同时补加同体积的释放介质，样品经 0.45 μm 微孔滤膜过滤，取续滤液 5 mL，按照分光光度法，在 263 nm 处测定吸光度。

五、实验结果

1. 片剂外观及质量检测

进行片剂外观形态、平均质量、片重差异的考察，并将结果填入表 5.17.3 中。

表 5.17.3 布洛芬缓释片剂样品质量及差异

编号	1	2	3	4	5	6	7	8	9	10	11	12	13	14	15	16	17	18	19	20
溶蚀片片重（g）																				
差异结论																				
编号	1	2	3	4	5	6	7	8	9	10	11	12	13	14	15	16	17	18	19	20
亲水凝胶片片重（g）																				
差异结论																				

亲水凝胶型骨架片平均片重为_____g;溶蚀型骨架片平均片重为_____g。

原因讨论:_____。

2. 标准曲线的绘制

按表 5.17.4 中的数据绘制布洛芬标准曲线。

表 5.17.4 布洛芬标准曲线数据

布洛芬浓度（mg/mL）	
吸光度	

3. 累计释放率的计算和释放曲线的绘制

按表 5.17.5 中的数据绘制释放曲线。

表 5.17.5   缓释片的累计释放率数据

项目	亲水凝胶型骨架片			溶蚀型骨架片		
	1#	2#	3#	1#	2#	3#
取样时间（h）						
吸光度						
药物浓度（μg/mL）						
累计释放率（%）						

累计释放率按照下式计算：

$$Rel = n \times V \times C / G \times 100\%$$

式中：Rel 为累计释放率；n 为稀释倍数；V 为取样体积；c 为按照标准曲线计算的样品浓度；G 为缓释片平均所含布洛芬量或标准片的标示量。

六、思考题

（1）口服缓释制剂的设计原则有哪些？

（2）缓释制剂的释放度实验有何意义？如何使其具有实用价值？

（3）为什么要进行体内和体外相关性考察？

第六章 药物合成实验

实验一 乙酰水杨酸的合成

一、实验目的

（1）掌握酯化反应的工艺原理和实验操作。

（2）掌握磁力搅拌器和熔点测定仪的使用方法。

（3）学会用薄层色谱（TLC）和氢核磁共振（^{1}H NMR）方法进行产物的鉴定。

二、实验原理

早在 1853 年，法国有机化学家弗雷德里克·热拉尔就用水杨酸与醋酸合成了乙酰水杨酸，但是并没有引起人们的重视。1897 年德国化学家菲林克斯·霍夫曼为了给他父亲治疗关节炎再次进行试验，最终合成了乙酰水杨酸，并证实其疗效极好。1899 年乙酰水杨酸被命名为阿司匹林，正式用于临床，用于解热、镇痛、消炎，迄今已经 100 多年。如今，人们又发现其新的适应证（如小剂量用于抑制血小板的黏附和集聚，预防血栓形成，适用于不稳定性心绞痛及急性心肌梗死等）。

乙酰水杨酸是由水杨酸与醋酸酐反应合成的，具体反应式为

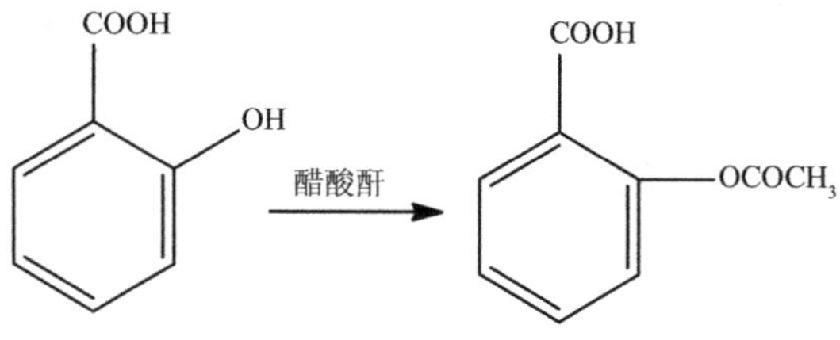

三、主要仪器与材料

（1）主要仪器：托盘天平、恒温磁力搅拌器、回流冷凝管、抽滤瓶、布氏漏斗等。

（2）主要材料：水杨酸、醋酸酐、乙酸乙酯、浓磷酸等。

四、实验内容

1. 步骤

称取 5.52 g（0.04 mol）水杨酸，放入 250 mL 磨口锥形瓶中，加入 16 mL 醋酸酐和 5 滴

浓磷酸,接上回流冷凝管;在不断搅拌下,在通风橱中于 85 ℃的水浴中加热 10~15 min,然后停止加热,从水浴中移出锥形瓶,振摇,缓慢加入 12~16 mL 水,将锥形瓶放在通风橱中,静置 5 min,用冰水冷却至 25 ℃左右;当晶体开始形成时,加入 40 mL 冰水于锥形瓶内,令其在冰水浴中冷却,析出固体,抽滤,以 100 mL 冰水洗涤滤饼,然后尽可能抽干,得乙酰水杨酸粗品。将乙酰水杨酸粗品放入烧杯中,加入 80 mL 饱和碳酸钠溶液,搅拌至无二氧化碳放出为止;过滤,收集滤液,放入烧杯中,在搅拌下缓慢加入 40 mL 6 mol/L 盐酸,将烧杯放在冰水浴中冷却,析出固体,抽滤,以冰水洗涤滤饼,然后尽可能抽干;以乙酸乙酯重结晶,析出晶体,过滤,减压干燥,称重,计算收率,测定熔点。

2. 水杨酸限量检查

对照液的制备:精密称取水杨酸 0.1 g,加少量水溶解后,加入 1 mL 冰醋酸,摇匀;加冷水适量,制成 1 000 mL 溶液,摇匀;精密吸取该溶液 1 mL,加入 1 mL 乙醇、48 mL 水及 1 mL 新配制的稀硫酸铁铵溶液,摇匀。

稀硫酸铁铵溶液的制备:取盐酸(1 mol/L)1 mL、硫酸铁铵指示液(用 8 g 硫酸铁铵和 100 mL 水新鲜配制)2 mL,加冷水适量,制成 1 000 mL 溶液,摇匀。

取阿司匹林 0.1 g,加 1 mL 乙醇溶解后,加适量冷水,制成 50 mL 溶液,然后立即加入 1 mL 新配制的稀硫酸铁铵溶液,摇匀;30 s 内显色,与对照液(0.1%)比较,不得更深。

3. 结构确证

(1)红外吸收光谱法、薄层色谱法。

(2)核磁共振波谱法。

五、注意事项

(1)醋酸酐对人体有害,要注意保护。

(2)滤饼用冰水洗涤要充分,并尽可能抽干,以免影响干燥。

(3)乙酰水杨酸受热易分解,因此熔点不是很明显,它的分解温度为 128.0~135.0 ℃,熔点(文献值)为 136.0 ℃。测定熔点时,应先将热载体加热至 120 ℃左右,然后放样品测定。

(4)浓磷酸的作用是破坏水杨酸分子间或分子内氢键,降低酰化温度。

六、实验结果

(1)记录实验条件、过程,记录各试剂用量,计算收率。

(2)记录产物性状、熔点范围。

七、思考题

(1)乙酰水杨酸微溶于水,却在强碱或碳酸钠溶液中溶解,同时分解,请解释。

(2)乙酰水杨酸在干燥的空气中稳定存在,但在潮湿环境中慢慢水解,其水解产物是什么?

实验二　扑炎痛的合成

扑炎痛也称贝诺酯,是一种新型解热、镇痛、抗炎药,由阿司匹林和扑热息痛利用拼合原理制成。它既保留了原药的解热、镇痛功能,又减小了原药的毒副作用;用于治疗急、慢性风湿性关节炎,风湿痛,感冒发烧,头痛及神经痛,特别适用于儿童。

一、实验目的

（1）通过乙酰水杨酰氯的制备,了解氯化试剂的选择及操作中的注意事项。

（2）了解拼合原理在化学结构修饰方面的应用及肖滕－鲍曼（Schotten-Baumann）酯化反应的原理。

（3）学会用 TLC 和 ^{1}H NMR 方法进行产物的鉴定。

二、实验原理

扑炎痛为白色结晶粉末,无臭无味,熔点为 174~178 ℃,不溶于水,微溶于乙醇,溶于氯仿、丙酮。其化学名为 2- 乙酰氧基苯甲酸 - 乙酰氨基苯酯,结构式为

OCOCH$_3$ / COO——⟨苯环⟩——NHCOCH$_3$

合成路线为

OCOCH$_3$/COOH + SOCl$_2$ $\xrightarrow{\text{吡啶}}$ OCOCH$_3$/COCl + HCl + SO$_2$

OH/NHCOCH$_3$ $\xrightarrow{\text{NaOH}}$ ONa/NHCOCH$_3$

ONa/NHCOCH$_3$ + OCOCH$_3$/COCl $\longrightarrow$ OCOCH$_3$/COO——NHCOCH$_3$

三、主要仪器与材料

（1）主要仪器:托盘天平、球形冷凝管、抽滤瓶、布氏漏斗、圆底烧瓶等。

（2）主要材料:阿司匹林、氯化亚砜、扑热息痛、氢氧化钠、活性炭等。

四、实验内容

1. 乙酰水杨酰氯的制备

在干燥的 100 mL 圆底烧瓶中，依次加入吡啶 2 滴、阿司匹林 10 g、氯化亚砜 5.5 mL，迅速安上球形冷凝管（顶端附有氯化钙干燥管，干燥管连有导气管，导气管一端通到水池下水口）；置于油浴中慢慢加热至 70 ℃（用时 10~15 min），维持油浴温度在（70±2）℃，反应 70 min，冷却；加入无水丙酮 10 mL，将反应液倾入干燥的 100 mL 滴液漏斗，混匀，密闭备用。

2. 扑炎痛的制备

在装有搅拌棒及温度计的 250 mL 三口圆底烧瓶中，加入扑热息痛 10 g、水 50 mL，用冰水浴冷却至 10 ℃左右，在搅拌下滴加氢氧化钠溶液（用氢氧化钠 3.6 g 和 20 mL 水配成，用滴管滴加）；滴加完毕，在 8~12 ℃之间，在强烈搅拌下，慢慢滴加用上述方法制得的乙酰水杨酰氯丙酮溶液（在 20 min 左右滴完）；滴加完毕，调节 pH ≥ 10，控制温度在 8~12 ℃，在搅拌下继续反应 60 min；抽滤，水洗至中性，得粗品，计算收率。

3. 精制

取粗品 5 g，置于装有球形冷凝管的 100 mL 圆底烧瓶中，加入 10 倍量 95% 乙醇（即 1 g 粗品对应 10 mL 95% 乙醇，下同），在水浴中加热溶解；稍冷，加活性炭脱色（活性炭用量视粗品颜色而定），加热回流 20 min，趁热抽滤（布氏漏斗、抽滤瓶应预热）；将滤液趁热转移至烧杯中，自然冷却，待结晶完全析出后抽滤，压干；用少量乙醇洗涤 2 次（母液回收），压干，干燥；测熔点，计算收率。

4. 结构确证

（1）红外吸收光谱法、标准物 TLC 对照法。

（2）核磁共振波谱法。

五、注意事项

（1）氯化亚砜是由羧酸制备酰氯时最常用的氯化试剂，不仅价格便宜，而且沸点低，生成的副产物均为挥发性气体，故所得酰氯产品易于纯化。

（2）氯化亚砜遇水可分解为二氧化硫和氯化氢，故所用仪器均需干燥；加热时不能用水浴。

（3）阿司匹林需在 60 ℃干燥 4 h。

（4）吡啶作为催化剂，用量不宜过多，否则影响产量的质量。制得的酰氯不应久置。

（5）丙酮需用无水硫酸钠干燥。

（6）乙酰水杨酰氯极易水解，故应注意慢加酰氯快搅拌，使滴入的酰氯立即与对乙酰氨基苯酚钠作用。

（7）产品精制时乙醇用量尽量少，以 6 倍量为好，若加热回流仍不溶，可再补加乙醇至 8 倍量。

六、思考题

（1）制备乙酰水杨酰氯时，操作上应注意哪些事项？

（2）在扑炎痛的制备过程中，为什么采用先制备对乙酰氨基苯酚钠和水杨酰氯后进行酯化的方法而不直接酯化？

（3）通过本实验说明酯化反应在结构修饰上的意义。

实验三 苯妥英钠的合成

一、实验目的

（1）掌握苯妥英钠的合成及提纯方法。

（2）了解辅酶化学，安息香的缩合、氧化反应，二苯基乙醇酸重排等反应。

（3）学会用 TLC 和 ^{1}H NMR 方法进行产物的鉴定。

二、实验原理

苯妥英钠的化学名为 5,5-二苯基乙内酰脲钠，结构式为

本品为白色粉末；无臭，味苦；微有引湿性；在水中易溶，在乙醇中溶解，在三氯甲烷或乙醚中几乎不溶；熔点为 291~299 ℃。

本品为抗癫痫药，临床上主要用于治疗癫痫大发作，也可用于治疗三叉神经痛及某些类型的心律不齐。

三、主要仪器与材料

（1）主要仪器：托盘天平、回流冷凝管、抽滤瓶、布氏漏斗、圆底烧瓶、烧杯等。

（2）主要材料：盐酸硫胺、乙醇、氢氧化钠、盐酸、苯甲醛、硝酸铵、乙酸、尿素、活性炭等。

四、实验内容

（一）2-羟基-2苯基苯乙酮（俗称安息香）的制备

1. 实验原理

2. 实验步骤

在装有回流冷凝管的 100 mL 圆底烧瓶中，将 2 g 盐酸硫胺溶解在约 4 mL 水中，在冰水浴中不断搅拌下加入 12 mL 95% 乙醇，约 10 min 后，再加入约 3.2 mL 已在冰水中预冷的 3 mol/L 氢氧化钠溶液，用 10% 盐酸调节该混合液 pH 值至 8~9，加 8 mL 苯甲醛至反应瓶中，于 65~70 ℃的水浴中加热反应 90 min 后，自然冷却至室温，再置于冰水浴中冷却析晶。如果得到油状物，则需重新加热反应瓶至溶液变澄清，再逐渐冷却析晶，并以玻璃棒摩擦瓶壁使固体析出。抽滤，固体用 2×20 mL 10% 乙醇洗涤，抽干；粗品用 95% 乙醇重结晶，干燥，称重；计算产率，测熔点。

3. 注意事项

（1）苯甲醛中不能含有苯甲酸，最好用 5% 碳酸氢钠溶液洗涤后，减压蒸馏制得，并避光保存。

（2）VB_1 在酸性条件下稳定，但易吸水，其在水溶液中易被空气氧化失效；遇光和 Fe^{3+}、Cu^{2+}、Mn^{2+} 等金属离子可加速氧化；在氢氧化钠溶液中咪唑环易开环失效。因此，加入的氢氧化钠溶液在反应前必须用冰水充分冷却，否则，VB_1 在碱性条件下会分解，这是本实验成败的关键。

（二）二苯乙二酮的制备

1. 实验原理

2. 实验步骤

将 3 g 安息香、8.4 g 硝酸铵、催化量硫酸铜及 80% 乙酸依次投入一个装有回流冷凝管的 50 mL 三口圆底烧瓶中，逐渐加热至回流，用 TLC 跟踪反应进程至原料消失（约用时

2 h）；冷却至室温，反应液表面将有油层生成，用玻璃棒摩擦瓶壁或加入晶种使结晶析出；抽滤，固体用水洗至中性，干燥，得到的黄色固体直接用于下一步反应。

3. 注意事项

（1）硝酸为强氧化剂，使用时应避免与皮肤、衣服等接触。在氧化过程中，硝酸被还原产生二氧化氮气体，该气体具有一定刺激性，需以碱液吸收。此外，需控制反应温度，以防止反应激烈，大量二氧化氮气体逸出。

（2）反应要逐渐升温至回流。

（三）苯妥英钠的制备

1. 实验原理

2. 实验步骤

将 4 g 二苯乙二酮、20 mL 50% 乙醇、1.4 g 尿素及 13 mL 15% 氢氧化钠溶液依次加入 100 mL 圆底烧瓶中，开动搅拌，水浴加热回流至固体完全消失（用时 2~3 h）；将反应液倾入 250 mL 水中，放冷，抽滤除去杂质；滤液用活性炭脱色，过滤；滤液冷却后滴入稀盐酸调 pH 值至 6，放置析出固体；抽滤，以少量水洗涤，得白色苯妥英粗品，熔点为 295~299 ℃。

将粗品置于 100 mL 烧杯中，按 1∶4 的比例加入水，混悬于约 25 mL 水中，在搅拌下滴加 30% 氢氧化钠溶液至固体恰好溶解；加热至 40 ℃，用活性炭脱色，趁热过滤，滤液放冷后析出固体；抽滤，用少量水洗涤，固体在 60 ℃以下真空干燥，得精制苯妥英钠；称重，计算收率。

3. 注意事项

（1）制备钠盐时，水量稍多，可使收率受到明显影响，因此要严格按比例加水。

（2）苯妥英钠可溶于水及乙醇，洗涤时要少用溶剂，洗涤后要尽量抽干。

（四）结构确证

（1）标准物 TLC 对照法、红外吸收光谱法。

（2）核磁共振波谱法。

五、思考题

（1）制备二苯乙二酮时，为什么要控制反应温度使其逐渐升高？

（2）制备苯妥英钠为什么要在碱性条件下进行？

实验四　异烟肼的合成

一、实验目的

（1）掌握异烟肼的合成方法、强氧化剂的使用方法、酸性或碱性药物的制备方法以及纯化手段、N,N′-二环己基碳二亚胺（DCC）缩合制备酰胺的机制及其操作技能。

（2）熟悉基本实验操作：①结晶与重结晶；②加热回流。

二、实验原理

异烟肼的化学名为4-吡啶甲酰肼，结构式为

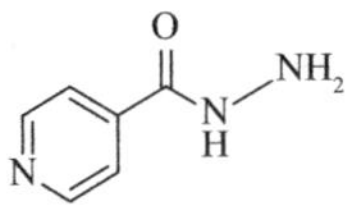

本品为无色结晶，或白色至类白色的结晶性粉末；无臭，味微甜后苦；遇光渐变质。本品在水中易溶，在乙醇中微溶，在乙醚中极微溶解，熔点为170~173 ℃。

异烟肼对结核杆菌有强大的抑菌至杀菌作用，也作用于细胞内的杆菌；毒性小，易吸收，穿透性强，用于各种类型的结核病；单用容易产生抗药性，常与对氨基水杨酸盐或链霉素合用。

异烟肼的合成路线如下所示。

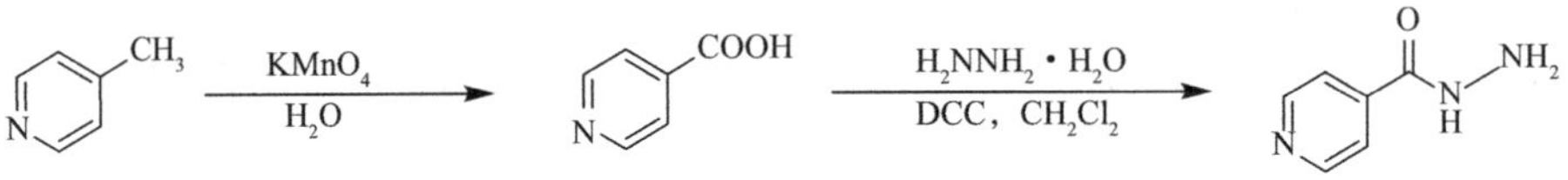

三、主要仪器与材料

（1）主要仪器：托盘天平、磁力搅拌器、抽滤瓶、布氏漏斗、圆底烧瓶等。

（2）主要材料：4-甲基吡啶、高锰酸钾、水合肼、二环己基碳二亚胺等。

四、实验步骤

1. 异烟酸的合成

在250 mL三口圆底烧瓶（带温度计控制）中，加入4-甲基吡啶5.2 mL（0.054 mol）、水100 mL，于磁力搅拌器上均匀搅拌并升温至80 ℃；分次加入高锰酸钾17 g（0.11 mol），控制反应温度在85~90 ℃；加入完毕，维持反应温度80 ℃，继续搅拌1 h后，停止反应；趁热过滤，用15 mL热水分3次洗涤滤饼（每次5 mL）；合并滤液和洗液至250 mL烧杯中，得到异烟酸钾水溶液（若此时显紫色，则加入少量乙醇，充分加热，待溶液紫色消失后，过滤，保留

滤液）。

　　将异烟酸钾水溶液用浓盐酸酸化至 pH 值为 3~4,在冰水浴中冷却后过滤、抽干,得异烟酸粗品。

　　精制:将粗品放置于 250 mL 圆底烧瓶中,加入 5 倍量的水,水浴加热至 80 ℃,确保粗品完全溶解;然后加入 5% 活性炭,在 80 ℃以上的温度下脱色 5 min;趁热过滤,滤液冷却后缓慢析出晶体,在冰水浴中充分冷却后,抽滤,干燥;称量粗品重量,计算收率。

　　2. 异烟肼的合成

　　将制备得到的异烟酸与 3.25 mL(0.054 mol)水合肼溶于 100 mL 二氯甲烷中,在冰水浴中冷却至 0 ℃,加入 11 g(0.054 mol)二环己基碳二亚胺(DCC);30 min 后,移去冰水浴,在室温下继续搅拌反应 1 h;反应完毕后,过滤二环己基脲(DCU);二氯甲烷溶液用碳酸氢钠饱和溶液洗涤后,干燥并减压蒸馏除去有机溶剂;残留物经乙醇重结晶,得白色晶体产物;干燥,称重并计算收率。

五、注意事项

　　（1）4- 甲基吡啶具有刺激性,使用时请在通风设施较好的实验台上操作。
　　（2）异烟酸具有酸性和碱性的官能团,异烟酸钾用浓盐酸酸化时必须严格控制 pH 值。

六、思考题

　　（1）4- 甲基吡啶氧化为异烟酸还可采用什么氧化剂?
　　（2）在制备异烟酸的过程中,加入乙醇的目的是什么? 加入乙醇后应注意哪些问题?
　　（3）羧酸与肼缩合的机理是什么?
　　（4）除了 DCC 缩合方式外,还可以通过哪些方法将羧酸与胺类化合物生成酰胺?
　　（5）根据异烟肼的结构特点,设计一种异烟肼的纯化方式(不通过重结晶)。

实验五　蒿甲醚的合成

一、实验目的

　　（1）掌握蒿甲醚的性状、特点和化学性质。
　　（2）掌握还原反应的原理和实验操作。
　　（3）了解蒿甲醚中杂质的来源和鉴别。

二、实验原理

　　蒿甲醚的化学名为(3R,5aS,6R,8aS,9R,10S,12R,12aR)- 十氢 -10- 甲氧基 -3,6,9- 三甲基 -3,12- 桥氧 -12H- 吡喃并 [4,3-j]-1,2 苯并二塞平,结构式为

本品为白色结晶或白色结晶性粉末;无臭,味微苦;在丙酮或三氯甲烷中极易溶解,在乙醇或乙酸乙酯中易溶,在水中几乎不溶;熔点为 86~90 ℃。本品为我国发现的一种有效的新型抗疟药青蒿素的结构改造药物。对恶性疟(包括抗氯奎恶性疟及凶险型疟)的疗效较佳,效果确切,显效迅速。

蒿甲醚是由青蒿素和硼氢化钠与甲醇进行还原反应而来的。

三、主要仪器与材料

(1)主要仪器:电子天平、抽滤瓶、布氏漏斗、锥形瓶等。

(2)主要材料:青蒿素、盐酸、碳酸氢钠、乙醇、活性炭等。

四、实验步骤

1. 粗品的制备

称量 60 mg 青蒿素纯品溶于 20 mL 无水甲醇中,在冰水浴冷却下加入 7.566 mg 还原剂硼氢化钠,反应保温 2 h;用浓盐酸酸化至 pH 值为 1~2 后,继续反应 3 h;加入碳酸氢钠中和至 pH 值为 6~7,用玻璃棒摩擦瓶壁析晶后,再冷却约 30 min;抽滤,用少量水洗涤,干燥,得粗品,称重。

2. 精制

将自制蒿甲醚粗品放入 50 mL 锥形瓶中,加入适量的 95% 乙醇,温热溶解;加入少量活性炭,在 60~70 ℃的水浴中搅拌加热 10 min;趁热抽滤,在滤液中分次加入蒸馏水(共约 10 mL)至变浑,再加热至透明,冷却 30 min,至结晶析出完全;抽滤,干燥,得蒿甲醚精品;测熔点,称重,计算产率。

五、注意事项

(1)热源可以是蒸汽浴、电加热套和电热板,也可以是水浴。若加热的介质为水,要注意不要让水蒸气进入锥形瓶中。

(2)倘若在冷却过程中青蒿素没有从反应液中析出,可用玻璃棒或不锈钢刮勺轻轻摩擦锥形瓶的内壁,也可同时将锥形瓶放入冰水浴中冷却,促使结晶生成。

（3）须小心产生甲醇蒸气,最好在通风橱中进行。

（4）蒿甲醚的纯度可用薄层色谱和测熔点两种方法进行检查。

六、思考题

（1）蒿甲醚的合成反应为什么需要在无水的条件下进行？ 试写出反应中可能产生的副产物。

（2）在蒿甲醚的精制过程中,为什么要趁热抽滤?

实验六　阿昔洛韦的合成

一、实验目的

（1）掌握阿昔洛韦的性状、特点和化学性质。

（2）掌握取代、水解反应的原理和实验操作。

（3）进一步熟悉重结晶的原理和实验方法。

二、实验原理

阿昔洛韦的化学名为 9-(2- 羟乙氧甲基)鸟嘌呤,结构式为

本品为白色结晶性粉末;无味、无臭;微溶于水,溶于乙醇、乙醚、三氯甲烷;熔点为256~257 ℃。

本品是第一个上市的开环类核苷类抗病毒药,具有广谱、高效、低毒的特点,对疱疹病毒、巨细胞病毒及爱泼斯坦－巴尔(Epstein-Barr)病毒等感染均有显著疗效。本品适用于眼科、皮肤科的多种病毒感染。另外,本品与干扰素合用可治疗乙型肝炎。据最新报道,它对艾滋病病毒也具有活性。

阿昔洛韦由 N- 乙酰 -9-[(2- 乙酰氧基乙氧基)甲基](即鸟嘌呤)与 2- 氧杂 -1，4- 丁二醇二乙酸酯反应后经水解而得,其反应式为

在阿昔洛韦产品的生产过程中，主要的副产物就是反应原料鸟嘌呤及中间体 Ia，最后副产物在重结晶中加以分离。

三、主要仪器与材料

（1）主要仪器：电子天平、回流冷凝管、抽滤瓶、布氏漏斗、圆底烧瓶、三角烧瓶等。

（2）主要材料：鸟嘌呤、2-氧杂-1，4-丁二醇二乙酸酯、对甲苯磺酸、甲苯、DMF、碳酸钠、甲醇、乙醇、活性炭等。

四、实验步骤

1. 粗品的制备

向干燥的 500 mL 圆底烧瓶内加入鸟嘌呤 10 g，2-氧杂-1，4-丁二醇二乙酸酯 15 g，对甲苯磺酸 1.0 g 和甲苯、DMF 各 100 mL，加热至 90 ℃，并不断搅拌回流 8 h；反应结束后，减压蒸干溶剂，固体用乙酸乙酯重结晶；用少量水洗涤，干燥，得中间体，称重。取中间体 10 g，加入碳酸钠 5.14 g，甲醇、水各 100 mL，加热回流 3 h，冷却至室温，用稀盐酸调节 pH 值为 6~7 后过滤，得到粗品。

2. 精制

将自制阿昔洛韦粗品放入 150 mL 三角烧瓶中，加入适量的 95% 乙醇，温热溶解；加入少量活性炭，在 60~70 ℃ 的水浴中搅拌加热 10 min；趁热抽滤，冷却 30 min，至结晶析出完全；抽滤，干燥，得阿昔洛韦精品；称重，计算产率。测熔点为 256~257 ℃。

五、注意事项

（1）甲苯具有一定的毒性，加入甲苯时应注意不要吸入。应保持实验室通风，最好在通风橱中进行操作。

（2）阿昔洛韦应从 95% 乙醇中析出，若没有固体析出，可加热将乙醇挥发掉一些，再冷却，重复操作。

六、思考题

（1）在阿昔洛韦的合成反应中，为什么用对甲苯磺酸？写出其反应原理。

（2）怎样鉴定阿昔洛韦与鸟嘌呤、中间体 Ia？

实验七 奥美拉唑的合成

一、实验目的

（1）掌握利用氯化亚砜进行氯化等反应的操作方法。

（2）学习硝化反应和缩合反应的原理和技术。

二、实验原理

奥美拉唑的化学名为 5- 甲氧基 -2-[[(4- 甲氧基 -3，5- 二甲基 -2- 吡啶基)甲基] 亚硫酰基]-1H- 苯并咪唑，结构式为

本品为白色或类白色结晶；难溶于水，溶于甲醇，易溶于二甲基甲酰胺；熔点为 156 ℃。

本品为质子泵抑制剂，对动物和人的胃酸分泌具有很强的和较长时间的抑制作用。临床上用于治疗消化性溃疡、反流性食管炎、佐林格－埃利森(Zollinger-Ellison)综合征以及根除幽门螺杆菌(Hp)。

奥美拉唑的合成路线为

三、主要仪器与材料

（1）主要仪器：托盘天平、分液漏斗、抽滤瓶、布氏漏斗、圆底烧瓶等。

（2）主要材料：2，3，5-三甲基吡啶、磷钨酸、过氧化氢、二氯甲烷、无水硫酸镁、浓硫酸、硝酸、乙酸乙酯、碳酸钠、醋酸、乙酸酐、盐酸、氯化亚砜、甲苯、2-巯基-5-甲氧基苯并咪唑、间氯过氧苯甲酸、乙腈等。

四、实验内容

（一）2,3,5-三甲基吡啶-N-氧化物的合成

1. 实验原理

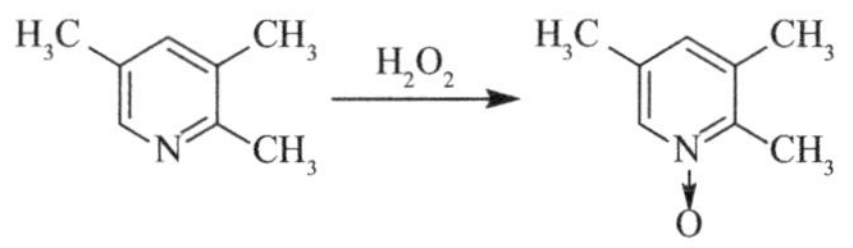

2. 实验步骤

称取 2，3，5-三甲基吡啶 43.6 g（0.36 mol）、磷钨酸 3.6 g（1.58 mmol）加至 250 mL 三口圆底烧瓶中，搅拌加热到 90 ℃，缓慢滴加 30% $H_2O_2$46.1 g（0.41 mol），约 1 h 滴毕，保温反应 8 h；加入少量水合肼分解过量的 H_2O_2，用 250 mL 二氯甲烷萃取，用无水硫酸镁干燥后过滤，滤液浓缩，得白色固体 2。

（二）2,3,5-三甲基-4-硝基吡啶-N-氧化物的合成

1. 实验原理

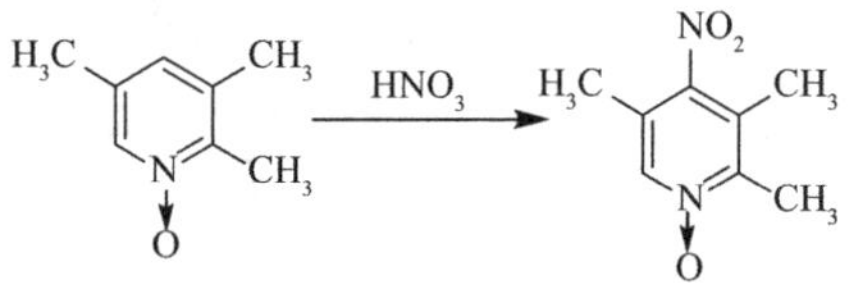

2. 实验步骤

向白色固体 2 中缓慢加入浓硫酸（24 mL），搅拌加热至 90 ℃，滴加由浓硫酸（35 mL）与 65% 硝酸 41.3 mL（0.59 mol）组成的混酸，45 min 滴毕，保温反应 2.5 h；冷却至 0 ℃，用乙酸乙酯（1 000 mL）萃取；将乙酸乙酯相倒入冰水（500 mL）中，加 5% 碳酸钠溶液调至中性，静置分层；有机相用无水硫酸钠干燥，过滤，滤液浓缩至干，得淡黄色固体 3。

（三）2-羟甲基-3,5-二甲基-4-硝基吡啶的合成

1. 实验原理

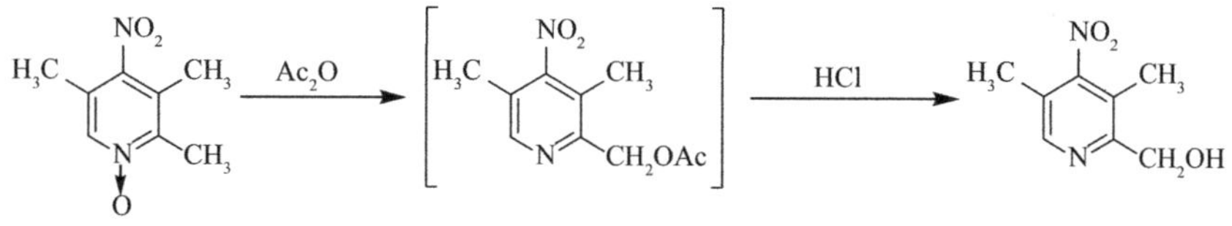

2. 实验步骤

将淡黄色固体 3 和醋酸（20 mL）混合,搅拌加热至 90 ℃,缓慢滴加乙酸酐 19 mL（0.20 mol）,约 25 min 滴毕,保温继续反应 1 h;减压回收溶剂,将剩余物冷却至 60 ℃,加入 15% 盐酸（75 mL）,保温反应 1 h;加 10% 碳酸钠溶液调至 pH=8,水层用二氯甲烷（50 mL×3）萃取,用无水硫酸钠干燥后过滤,滤液浓缩,得白色粉末 4。

（四）2-氯甲基-3,5-二甲基-4-硝基吡啶盐酸盐的合成

1. 实验原理

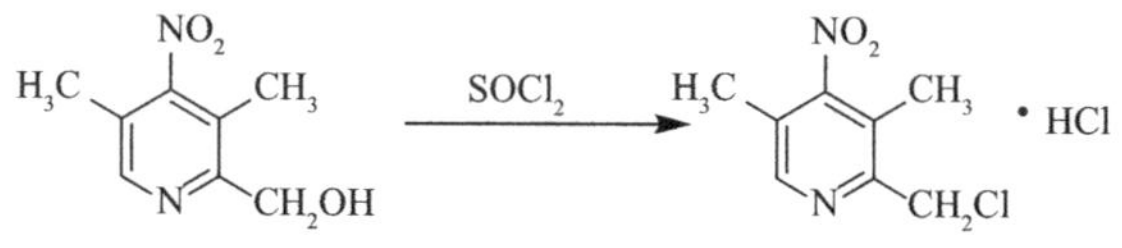

2. 实验步骤

将白色粉末 4 和二氯甲烷（50 mL）混合,于室温下缓慢滴加氯化亚砜 12.5 mL（0.17 mol）,滴毕升温至 50 ℃,搅拌反应 1 h;减压回收过量的氯化亚砜及二氯甲烷,加入甲苯（50 mL）,冷却至 0 ℃;抽滤,滤饼用少量甲苯（5 mL）洗涤,烘干,得白色粉末 5。

（五）5-甲氧基-2-[（4-甲氧基-3,5-二甲基吡啶-2-基）甲硫基]-1H-苯并咪唑的合成

1. 实验原理

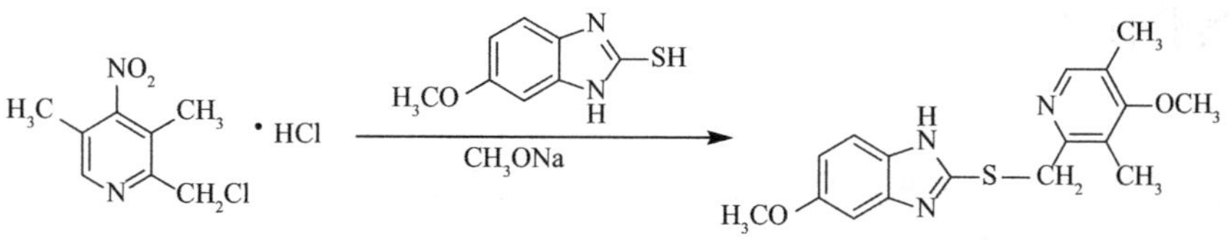

2. 实验步骤

将白色粉末 5 和 2-巯基-5-甲氧基苯并咪唑 7.6 g（0.042 mol）加至 250 mL 三口圆底烧瓶中,加入无水甲醇（50 mL）,搅拌加热至回流,缓慢加入 28% 甲醇钠 32 mL（0.17 mol）,

加毕继续回流反应 2 h;回收溶剂,向剩余物中加入水(50 mL),加盐酸调至 pH 值为 8~9;用二氯甲烷(50 mL×3)萃取,用无水硫酸钠干燥后过滤;滤液浓缩,向剩余物中加入丙酮(10 mL),冷冻抽滤,得白色固体 6。

(六)奥美拉唑的合成

1. 实验原理

2. 实验步骤

将白色固体 6 和二氯甲烷(80 mL)混合,用干冰冷却至 -20 ℃以下;缓慢滴加由 4.3 g(0.025 mol)间氯过氧苯甲酸和 20 mL 二氯甲烷组成的混合液,约 0.5 h 滴毕,在 -25~ -20 ℃下反应 1 h;加入由 5.3 g(0.05 mol)碳酸钠和 100 mL 水组成的混合液,搅拌 15 min,静置分层;有机层用水(100 mL×3)洗涤,用无水硫酸钠干燥,过滤;滤液浓缩,向剩余物中加入乙腈(50 mL),放入冰箱中静置过夜析晶,抽滤,得白色粉末状晶体 1。

五、思考题

(1)奥美拉唑合成各步的反应原理是什么?

(2)合成中多步反应均用到无水硫酸钠,若不使用,对产率有何影响? 为什么?

(3)实验中用到了甲苯,可否用其他试剂代替?

(4)最后一步反应中,采用加入乙腈、放入冰箱中静置过夜的方法析晶,请查阅文献,试缩短析晶时间。

实验八　丙戊酸钠的合成

一、实验目的

(1)进一步掌握烃化、脱羧、水解等反应的原理以及实验操作方法。

(2)学会用熔点测定法和高效液相色谱法对产品质量进行监测。

二、实验原理

丙戊酸钠为一种不含氮的广谱抗癫痫药,对多种方法引起的惊厥均有不同程度的对抗作用。对人的各型癫痫(如各型小发作、肌阵挛性癫痫、局限性发作、大发作和混合型癫痫)均有效。

丙戊酸钠为白色结晶性粉末;味微涩;易溶于水、甲醇或乙醇,几乎不溶于丙酮;熔点为300 ℃。

丙戊酸钠的合成路线为

$$H_2C\begin{matrix}CO_2C_2H_5\\CO_2C_2H_5\end{matrix} + CH_3CH_2CH_2Br \xrightarrow[\text{回流,2~4 h}]{\text{EtONa}} \begin{matrix}C_3H_7\\C_3H_7\end{matrix}C\begin{matrix}CO_2C_2H_5\\CO_2C_2H_5\end{matrix} \xrightarrow[\text{回流,4 h}]{40\%\text{ NaOH溶液}}$$

$$\begin{matrix}C_3H_7\\C_3H_7\end{matrix}C\begin{matrix}COOH\\COOH\end{matrix} \xrightarrow{180\ ℃} \begin{matrix}C_3H_7\\C_3H_7\end{matrix}\begin{matrix}H\\C-COOH\end{matrix} \xrightarrow[H_2O]{NaOH} \begin{matrix}C_3H_7\\C_3H_7\end{matrix}\begin{matrix}H\\C-COONa\end{matrix}$$

三、主要仪器与材料

(1)主要仪器:电动搅拌器、真空水泵、电热套、布氏漏斗、玻璃棒、三口圆底烧瓶、球形冷凝管、温度计等。

(2)主要材料:丙二酸二乙酯、溴丙烷、乙醇钠、乙醚、氢氧化钾、盐酸等。

四、实验步骤

1. 二丙基丙二酸二乙酯的制备

向装有搅拌器、滴液漏斗的 250 mL 三口圆底烧瓶中加入 13 g 乙醇钠,用滴液漏斗加入丙二酸二乙酯 16 mL,逐渐加入溴丙烷 24 mL(约 30 min 滴完),回流 3 h;放冷,除去生成的溴化钠,再继续回收乙醇至无乙醇流出;残留物用水溶解,转入分液漏斗中,用乙醚提取 3 次(每次 20 mL),合并乙醚液,用水洗 1 次,用无水硫酸钠干燥,蒸除乙醚,残液在油浴中蒸馏,收集沸点为 218~222 ℃的馏出物。

2. 水解

将二丙基丙二酸二乙酯加入由 40% 氢氧化钾溶液、乙醇、浓 HCl 配制的溶液中混合搅拌,回流 4 h;回收乙醇,冷却,用浓盐酸酸化至 pH = 1;放置,过滤,干燥,得二丙基丙二酸白色结晶。熔点为 150~155 ℃。

3. 消除反应

向反应瓶中加入二丙基丙二酸,加热至 180 ℃,反应物渐渐熔化,逸出大量二氧化碳气体;待反应物全部溶解、二氧化碳气体逸出完,减压蒸馏,收集 120~156 ℃的产物,得 α- 正丙基戊酸。

4. 成盐

向反应瓶中加入 α- 正丙基戊酸,在搅拌下滴加氢氧化钠溶液至 pH 值为 8~9;继续搅拌反应 30 min,加热浓缩至干,得 α- 正丙戊酸钠粗品;再加 1.5 倍的乙酸乙酯回流 15 min,放置自然结晶;过滤,干燥,得丙戊酸钠精品。

五、注意事项

（1）乙醚是易燃试剂，使用过程中应注意安全，严禁使用明火。

（2）丙戊酸钠为白色粉状结晶，吸水性极强，应存放在干燥密闭的容器里。

六、思考题

（1）减压蒸馏的基本原理是什么？

（2）实验中不小心酸化过度产生无机盐，与产品混在一起，用何种方法进行分离和纯化？

第七章　药物分析实验

实验一　对乙酰氨基酚片的溶出度测定

一、实验目的

（1）掌握固体制剂（片剂、丸剂、胶囊剂等）溶出度测定原理、方法与数据处理。

（2）掌握溶出仪的使用方法，了解溶出仪的基本构造与性能。

二、实验原理

溶出度系指活性药物在规定条件下从片剂、丸剂等普通制剂中溶出的速度和程度，在缓释制剂、控释制剂、肠溶制剂及透皮贴剂等制剂中也称释放度。溶出度的测定原理为诺伊斯－惠特尼（Noyes-Whitney）方程：

$$\frac{\mathrm{d}c}{\mathrm{d}t} = kS(c_s - c_t)$$

式中：$\mathrm{d}c/\mathrm{d}t$ 为药物溶出速度；k 为溶出速度常数；S 为固体药物的表面积；c_s 为药物的饱和溶液浓度；c_t 为时间为 t 时的药物浓度。

实验中，溶出介质的量必须远远超过使药物饱和所需要的介质的量，一般为使药物饱和时介质用量的 5~10 倍。现行《中国药典》规定溶出度的测定方法有篮法、桨法、小杯法、桨碟法、转筒法，并对装置的结构和要求作了具体的规定。通常以固体制剂中主药溶出一定量所需的时间或在规定时间内主药溶出的百分数作为制剂质量的评价指标。

三、主要仪器与材料

（1）主要仪器：智能溶出仪、紫外－可见分光光度计、电子天平、超声仪、微孔滤膜、移液管、研钵等。

（2）主要材料：对乙酰氨基酚片（市售品）、人工胃液（0.1 mol/L 盐酸）等。

四、实验步骤

（1）取对乙酰氨基酚原料药适量，分别配制成不同浓度，用紫外－可见分光光度计测定其在 257 nm 波长处的吸光度。运用 Excel 软件，计算浓度对吸光度的回归曲线方程，并得出相关系数 r。

（2）取对乙酰氨基酚片（市售品），按照溶出度测定法（篮法），以稀盐酸 24 mL 加水至

1 000 mL 为溶出介质,转速为 100 r/min,经 30 min,取溶液滤过,精密量取续滤液适量,用 0.04% 氢氧化钠溶液稀释成每 1 mL 含对乙酰氨基酚 5~10 μg 的溶液,用紫外－可见分光光度计在 257 nm 波长处测定吸光度。以对乙酰氨基酚原料药测定其紫外吸收的标准曲线。根据标准曲线计算对乙酰氨基酚的量。限度为标示量的 80%,应符合规定。《中国药典》规定按 $C_8H_9NO_2$ 的吸收系数($E_{1cm}^{1\%}$)为 715 计算每片的溶出量。

$$溶出度 = \frac{溶出量/片}{标示量/片} \times 100\% = \frac{A \times D}{E_{1cm}^{1\%} \times 100 \times 标示量} \times 100\%$$

式中:A 为吸光度;D 为稀释体积;$E_{1cm}^{1\%}$ 为百分吸收系数。

（3）为考察对乙酰氨基酚的溶出规律,可以在第 10、15、20、25、30、45 min 分别取样进行测定,描出溶出曲线。

五、注意事项

（1）溶出介质应新鲜配制,并经脱气处理。
（2）转篮的底部不应有气泡,如果发生气泡,可用细玻璃棒除去。
（3）转篮用后应立即冲洗,晾干后应妥善保管,不得摔碰。

六、思考题

（1）固体制剂进行溶出度测定有何意义? 哪些药物应进行溶出度测定?
（2）影响溶出度测定结果的因素有哪些?

实验二　用高效液相色谱法测定头孢氨苄胶囊的含量

一、实验目的

（1）掌握用高效液相色谱法测定头孢氨苄胶囊含量的方法。
（2）熟悉胶囊剂的质量分析方法。

二、实验原理

头孢氨苄的化学名为(6R，7R)-3- 甲基 -7[(R)-2- 氨基 -2- 苯乙酰氨基]-8- 氧代 -5- 硫杂 -1- 氮杂双环 [4.2.0] 辛 -2- 烯 -2- 甲酸 - 水合物,分子式为 $C_{16}H_{17}N_3O_4S \cdot H_2O$,相对分子质量为 365.41,结构式为

本品所含头孢氨苄($C_{16}H_{17}N_3O_4S$)应为标示量的 90.0%~110.0%。

三、主要仪器与材料

（1）主要仪器:高效液相色谱仪、色谱柱、分析天平等。

（2）主要材料:头孢氨苄胶囊、头孢氨苄对照品、甲醇、醋酸钠、醋酸等。

四、实验内容

1. 供试品溶液的制备

取本品 10 粒,混合均匀,计算出平均装量;精密称取适量(约相当于头孢氨苄 0.1 g),置于 100 mL 容量瓶中,加流动相适量,充分振摇,使头孢氨苄溶解,再用流动相稀释至刻度,摇匀,滤过;精密量取续滤液 10 mL,置于 50 mL 容量瓶中,用流动相稀释至刻度,摇匀,即得。

2. 对照品溶液的制备

取头孢氨苄对照品适量,精密称定,加流动相稀释制成每 1 mL 约含 200 μg 头孢氨苄的溶液。

3. 色谱条件与系统适用性实验

以十八烷基硅烷键合硅胶为填充剂,以水、甲醇、3.86% 醋酸钠溶液和 4% 醋酸溶液按 742∶240∶15∶3 的比例配制的混合液为流动相;检测波长为 254 nm;取供试品溶液适量,在 80 ℃的水浴中加热 60 min,冷却,取 20 μL 注入液相色谱仪,记录色谱图,头孢氨苄峰与相邻杂质峰的分离度应符合要求。

4. 测定

分别精密吸取供试品溶液和对照品溶液各 20 μL,注入液相色谱仪,记录色谱图,按外标法以峰面积计算含量。

$$含量 = \frac{A_x \times c_R \times D \times 10^{-3} \times \bar{W}}{A_R \times W \times 标示量（毫克/粒）} \times 100\%$$

式中:A_x 和 A_R 分别为供试品溶液和对照品溶液中头孢氨苄的峰面积;c_R 为对照品溶液的浓度(μg/mL);W 为样品的取样量(g);$\bar{W}$ 为平均粒重(克/粒)。

五、注意事项

（1）流动相在使用之前,需用微孔滤膜滤过,还要进行脱气。

（2）供试品溶液和对照品溶液注入液相色谱仪之前需过微孔滤膜。

六、思考题

（1）高效液相色谱法对流动相的基本要求有哪些?

（2）高效液相色谱法的定性与定量分析方法有哪些?

实验三　用高效液相色谱法测定氧氟沙星及其片剂的含量

一、实验目的

（1）掌握用高效液相色谱法测定氧氟沙星含量的原理及方法。

（2）掌握氧氟沙星及其片剂含量测定的操作条件及要点。

二、实验原理

氧氟沙星的化学名为（±）-9-氟-2，3-二氢-3-甲基-10-（4-甲基-1-哌嗪基）-7-氧代-7H-吡啶并[1，2，3-de]-1，4-苯并噁嗪-6-羧酸，其分子式为 $C_{18}H_{20}FN_3O_4$，相对分子质量为 361.37，按干燥品计算，含 $C_{18}H_{20}FN_3O_4$ 不得少于 97.5%。

氧氟沙星为白色至微黄色结晶性粉末；无臭、味苦；遇光渐变色。

氧氟沙星片剂为类白色至微黄色片或薄膜衣片，除去包衣后显类白色至微黄色。本品所含氧氟沙星应为标示量的 90.0%~110.0%。

本实验采用高效液相色谱法测定氧氟沙星及其片剂中氧氟沙星的含量。

三、主要仪器与材料

（1）主要仪器：高效液相色谱仪、色谱柱、pH 计、分析天平等。

（2）主要材料：氧氟沙星、氧氟沙星片、氧氟沙星对照品、环丙沙星对照品、杂质 E 对照品、乙腈、0.1 mol/L 盐酸、醋酸铵、高氯酸钠、磷酸等。

四、实验内容

1. 色谱条件与系统适用性实验

以十八烷基硅烷键合硅胶为填充剂，以醋酸铵高氯酸钠溶液（取醋酸铵 4.0 g 和高氯酸钠 7.0 g，加水 1 300 mL 溶解，用磷酸调节至 pH = 2.2）-乙腈（85∶15）混合液为流动相，检测波长为 294 nm。称取氧氟沙星对照品、环丙沙星对照品和杂质 E 对照品各适量，加 0.1 mol/L 盐酸溶解并稀释制成每 1 mL 中约含氧氟沙星 0.12 mg、环丙沙星和杂质 E 各 6 μg 的混合溶液；精密量取 10 μL 注入液相色谱仪，记录色谱图。氧氟沙星峰的保留时间约为 15 min，氧氟沙星峰与杂质 E 峰和环丙沙星峰的分离度应分别大于 2.0 和 2.5。

2. 测定法

1)氧氟沙星

取本品约 60 mg,精密称定,置于 50 mL 容量瓶中,加 0.1 mol/L 盐酸溶解并稀释至刻度,摇匀;精密量取 5 mL 置于 50 mL 容量瓶中,用 0.1 mol/L 盐酸稀释至刻度,摇匀;精密量取 10 μL 注入液相色谱仪,记录色谱图;另取氧氟沙星对照品适量,同法测定,按外标法以峰面积计算,即得。

2)氧氟沙星片

取本品 10 片,精密称定,研细;精密称取适量(约相当于氧氟沙星 0.12 g),置于 100 mL 容量瓶中,加 0.1 mol/L 盐酸溶解并稀释刻度,摇匀,滤过;精密量取续滤液 5 mL,置于 50 mL 容量瓶中,用 0.1 mol/L 盐酸稀释至刻度,摇匀,作为供试品的溶液;按照氧氟沙星项下的方法测定,即得。

氧氟沙星:

$$氧氟沙星含量 = \frac{c_R \times \dfrac{A_x}{A_R} \times D}{W}$$

氧氟沙星片:

$$氧氟沙星含量 = \frac{\dfrac{A_x}{A_R} \times c_R \times D \times \bar{W}}{W \times 标示量} \times 100\%$$

式中:A_x 和 A_R 分别为供试品和对照品溶液的峰面积;c_R 为对照品溶液的浓度(mg/mL);D 为稀释体积(mL);W 为取样量(g);$\bar{W}$ 为平均片重(g)。

五、注意事项

(1)色谱柱与进样器之间、色谱柱出口端与检测器之间应为无死体积连接,以免试样扩散影响分离。

(2)新柱或被污染柱用适当溶剂冲洗时,应将其出口端与检测器脱开,以免污染。

六、思考题

(1)高效液相色谱法对流动相的基本要求有哪些?

(2)高效液相色谱法的定性与定量分析方法有哪些?

实验四　用高效液相色谱法测定氯霉素滴眼液的含量

一、实验目的

(1)掌握高效液相色谱法的基本原理和操作方法。

(2)会用高效液相色谱外标法测定药物组分的含量。

二、实验原理

氯霉素滴眼液用于治疗由大肠杆菌、流感嗜血杆菌、克雷伯菌属、金黄色葡萄球菌、溶血性链球菌和其他敏感菌所致眼部感染,如沙眼、结膜炎、角膜炎、眼睑缘炎等。本品为无色或几乎无色的澄明液体,主要成分为氯霉素,辅料为硼酸、硼砂、氯化钠、防腐剂等。

氯霉素的化学名为 *D*-苏式-(-)-N-[*α*-(羟基甲基)-*β*-羟基-对硝基苯乙基]-2,2-二氯乙酰胺,结构式为

本品所含氯霉素($C_{11}H_{12}C_{12}N_2O_5$)应为标示量的 90.0%~120.0%。

外标法又称为校正法或定量进样法,要求准确地定量进样。具体做法是,先配制一定浓度的标准品及样品溶液,然后在相同条件下分别注入色谱仪,测量标准品及样品的峰面积,最后根据下式计算样品中待测组分的浓度:

$$c_{样品} = \frac{A_{样品}}{A_{对照品}} \times c_{对照品}$$

三、主要仪器与材料

(1)主要仪器:高效液相色谱仪、色谱柱、分析天平、25 mL 容量瓶等。
(2)主要材料:氯霉素滴眼液、氯霉素标准品、甲醇等。

四、实验步骤

1. 色谱条件

以十八烷基硅烷键合硅胶为固定相,以水–甲醇(30∶70)混合液为流动相;采用紫外检测器,检测波长为 272 nm。

2. 对照品溶液的制备

取适量氯霉素标准品,精确称定,用 0.5 mL 甲醇溶解,用流动相稀释成 1 mL 中约含 0.10 mg 氯霉素的对照品溶液(取氯霉素标准品约 2.5 mg,用流动相稀释至 25.0 mL)。

3. 供试品溶液的制备

称取适量氯霉素滴眼液置于 25 mL 容量瓶中,用流动相稀释成 1 mL 中含 0.10 mg 氯霉素的溶液(吸取 1.0 mL 氯霉素滴眼液,用流动相稀释至 25.0 mL,配制成滴眼液的稀释溶液),过滤,续滤液即为供试品溶液。

4. 含量测定

用清洗溶剂清洗微量进样针 3 次,用待测溶液润洗进样针 3 次;精密吸取 20 µL 待测溶

液,进样,记录色谱图(约 10 min)。

$$\text{氯霉素含量} = \frac{A_{样品} \times c_{对照品} \times D}{A_{对照品} \times B} \times 100\%$$

式中: $A_{样品}$ 和 $A_{对照品}$ 分别为供试品溶液和对照品溶液中氯霉素的峰面积; D 为稀释倍数,此处为 25 倍; B 为标示量, $B = 2.5$ mg/mL。

五、注意事项

(1)流动相在使用之前,需用微孔滤膜滤过,并进行脱气。

(2)供试品溶液和对照品溶液在注入液相色谱仪之前需过微孔滤膜。

(3)在实验过程中,样品处理应严格定量操作。

六、思考题

(1)内标法、外标法定量的原理、方法及特点分别是什么?

(2)高效液相色谱法对流动相的基本要求有哪些?

实验五　　用高效液相色谱法测定甲硝唑片剂的含量

一、实验目的

(1)掌握高效液相色谱法的工作原理和操作方法。

(2)熟悉片剂质量分析的基本原则和方法。

(3)掌握用高效液相色谱外标法测定药物含量的计算方法。

二、实验原理

甲硝唑片用于治疗肠道和肠外阿米巴病(如阿米巴肝脓肿、胸膜阿米巴病等)、阴道滴虫病、小袋虫病和皮肤利什曼病、麦地那龙线虫感染等,目前还广泛用于厌氧菌感染的治疗。本品为白色或类白色片,主成分为甲硝唑 [1-(2- 羟乙基)-2- 甲基 -5- 硝基咪唑],其结构式为

本品所含甲硝唑($C_6H_9N_3O_3$)应为标示量的 93.0%~109.0%。

外标法又称为校正法或定量进样法,要求准确地定量进样。具体做法是,先配制一定浓度的标准品及样品溶液,然后在相同条件下分别注入色谱仪,测量标准品及样品的峰面积,最后根据下式计算样品中待测组分的浓度:

$$c_{样品} = \frac{A_{样品}}{A_{对照品}} \times c_{对照品}$$

三、主要仪器与材料

（1）主要仪器：高效液相色谱仪、色谱柱、分析天平、100 mL 容量瓶、50 mL 容量瓶、量筒等。

（2）主要材料：色谱级甲醇、甲硝唑片、甲硝唑标准品等。

四、实验步骤

1. 色谱条件与系统适用性实验

以十八烷基硅烷键合硅胶为固定相，以水－甲醇（80∶20）混合液为流动相；采用紫外检测器，检测波长为 320 nm；流速约为 1.0 mL/min。理论板数按甲硝唑峰计算应不低于 2 000。

2. 测定方法

取 20 片甲硝唑片剂，精密称定，研细；称取适量细粉（约相当于 0.25 g 甲硝唑），置于 50 mL 容量瓶中，加适量 50% 甲醇，振摇使甲硝唑溶解，用 50% 甲醇稀释至刻度，摇匀，过滤；量取 5 mL 续滤液，置于 100 mL 容量瓶中，用流动相稀释至刻度，摇匀；精密量取 10 μL，注入液相色谱仪，记录色谱图。另取适量甲硝唑对照品，精密称定，加流动相溶解并定量稀释制成 1 mL 中约含 0.25 mg 甲硝唑的溶液，同法测定。按外标法以峰面积计算含量。

3. 含量计算

根据

$$c_x = \frac{A_x}{A_R} \times c_R$$

得

$$甲硝唑含量 = \frac{c_x \times D \times \overline{W}}{W \times B} \times 100\%$$

式中：A_x 和 A_R 分别为供试品和对照品的峰面积；c_x 和 c_R 分别为供试品和对照品的浓度；D 为稀释倍数，此处为 1 000 倍；$\overline{W}$ 为平均片重；B 为甲硝唑的标示量。

五、注意事项

（1）流动相在使用之前，需用微孔滤膜滤过，并进行脱气。

（2）供试品溶液和对照品溶液在注入液相色谱仪之前需过微孔滤膜。

（3）在实验过程中，样品处理应严格定量操作。

六、思考题

（1）内标法、外标法定量的原理、方法及特点分别是什么？

（2）采用外标法测定药物含量时应注意什么问题？怎样避免进样不准确？

实验六 用高效液相色谱法测定醋酸曲安奈德乳膏的含量

一、实验目的

（1）掌握高效液相色谱法的工作原理和操作方法。
（2）熟悉乳膏剂质量分析的基本原则和方法。
（3）掌握用高效液相色谱内标法测定药物含量的计算方法。

二、实验原理

醋酸曲安奈德乳膏用于治疗过敏性皮炎、湿疹、神经性皮炎、脂溢性皮炎及瘙痒症等。本品为白色乳膏,主要成分为醋酸曲安奈德,其化学名为 16α, 17-[（甲基亚乙基）双（氧）]-11β, 21-二羟基-9-氟孕甾-1,4-二烯-3,20-二酮-21-醋酸酯,结构式为

内标法是将一定质量的纯物质作为内标物加到一定量的被分析样品混合物中,根据测试样和内标物的质量比、其相应的色谱峰面积之比及校正因子,计算被测组分的含量。其中校正因子 f 的计算公式为

$$f = \frac{A_s/c_s}{A_R/c_R}$$

式中:A_s 和 A_R 分别为内标物和对照品的峰面积或峰高;c_s 和 c_R 分别为加入内标物和对照品的量。再取含有内标物的待测组分溶液进样,记录色谱图,根据含内标物的待测组分溶液色谱峰响应值,按下式计算醋酸曲安奈德的含量:

$$c_x = f \times \frac{A_x}{A_s'/c_s'}$$

式中:A_s' 为内标物的峰面积或者峰高;A_x 为供试品的峰面积或者峰高;c_s' 为内标物的浓度。

三、主要仪器与材料

（1）主要仪器:高效液相色谱仪、色谱柱、分析天平、50 mL 容量瓶、量筒等。
（2）主要材料:色谱级甲醇、醋酸曲安奈德乳膏等。

四、实验步骤

1. 色谱条件与系统适用性实验

以十八烷基硅烷键合硅胶为填充剂,以甲醇－水(60∶40)混合液为流动相,检测波长为 240 nm。理论板数按醋酸曲安奈德峰计算不得低于 2 500,醋酸曲安奈德峰与内标峰的分离度应符合要求。

2. 内标溶液的制备

取炔诺酮适量,加甲醇溶解并稀释成每 1 mL 中含 0.15 mg 的溶液,即得。

3. 测定

取本品适量(约相当于醋酸曲安奈德 1.25 mg),精密称定,置于 50 mL 容量瓶中,加甲醇约 30 mL,置于 80 ℃水浴中加热 2 min,振摇使醋酸曲安奈德溶解;放冷,精密加内标溶液 5 mL,用甲醇稀释至刻度,摇匀,置于冰水浴中冷却 2 h 以上;取出,迅速滤过,取续滤液放至室温,作为供试品溶液;精密量取 20 μL,注入液相色谱仪,记录色谱图。另取醋酸曲安奈德对照品适量,精密称定,加甲醇溶解并定量稀释成每 1 mL 中约含 0.125 mg 的溶液;精密量取 10 mL 该溶液与内标溶液 5 mL,置于 50 mL 容量瓶中,加甲醇稀释至刻度,摇匀,同法测定。按内标法以峰面积计算,即得。

五、注意事项

(1)流动相在使用之前,需用微孔滤膜滤过,并进行脱气。

(2)供试品溶液和对照品溶液在注入液相色谱仪之前需过微孔滤膜。

(3)在实验过程中,样品处理应严格定量操作。

六、思考题

(1)内标法、外标法定量的原理、方法及特点分别是什么?

(2)高效液相色谱法对流动相的基本要求有哪些?

实验七　用气相色谱法测定维生素 E 的含量

一、实验目的

(1)掌握用气相色谱内标法测定药物含量的方法。

(2)熟悉气相色谱仪的工作原理和操作方法。

二、实验原理

维生素 E 的结构式为

气相色谱法系采用气体作为流动相(载气)流经装有填充剂的色谱柱进行分离测定的色谱方法。物质经汽化后,被载气带入色谱柱进行分离,各组分先后进入检测器,用数据处理系统记录色谱信号。

维生素 E 的沸点虽高达 350 ℃,仍可不经衍生化直接用气相色谱法测定维生素 E 的含量,《中国药典》中规定采用内标法,即选择一个合适的化合物作为内标物,然后将一定量的内标物加入准确称取的样品中,再经气相色谱分析,根据样品质量和内标物质量及待测组分峰面积和内标物的峰面积,即可求出待测组分的含量。

三、主要仪器与材料

(1)主要仪器:气相色谱仪、色谱柱、分析天平、棕色容量瓶、棕色具塞锥形瓶、移液管等。

(2)主要材料:维生素 E 供试品、维生素 E 对照品、正三十二烷、正己烷等。

四、实验内容

1. 色谱条件与系统适用性实验

用以硅酮为固定相,涂布浓度为 2% 的填充柱,或用以 100% 二甲基聚硅氧烷为固定液的毛细管柱;柱温为 265 ℃;检测器为氢火焰离子化检测器;理论板数按维生素 E 峰计算应不低于 500(填充柱)或 5 000(毛细管柱);维生素 E 峰与内标物质峰的分离度应符合要求。

2. 校正因子测定

取正三十二烷适量,加正己烷溶解并稀释成每 1 mL 中含 1.0 mg 的溶液,摇匀,作为内标溶液。另取维生素 E 对照品约 20 mg,精密称定,置于棕色具塞锥形瓶中;精密加入内标溶液 10 mL,密塞,振摇使溶解;取 1~3 μL 注入气相色谱仪,测定、计算校正因子。

3. 测定方法

取本品约 20 mg,精密称定,置于棕色具塞锥形瓶中;精密加内标溶液 10 mL,密塞,振摇使溶解;取 1~3 μL 注入气相色谱仪,测定、计算,即得。

4. 含量计算

根据实验所得数据,计算出结果,给出明确结论。

$$校正因子 (f) = \frac{A_s/m_s}{A_R/m_R}$$

式中:A_s 为内标物质的峰面积或峰高;A_R 为对照品的峰面积或峰高;m_s 为加入内标物质的量(mg);m_R 为加入对照品的量(mg)。

$$含量 (m_x) = f \times \frac{A_x}{A_s/m_s}$$

式中：A_x 为供试品的峰面积或峰高；m_x 为供试品的量（mg）。

五、注意事项

（1）使用气相色谱仪时，应严格遵守操作规程。

（2）氢火焰离子化检测器的操作应严格按仪器说明书的要求进行。

（3）实验室及氢气瓶附近应杜绝火源。

六、思考题

（1）气相色谱法可分为几类？

（2）内标物选择的依据是什么？

实验八　用气相色谱法测定藿香正气水中乙醇的含量

一、实验目的

（1）掌握气相色谱法的原理及方法。

（2）掌握用气相色谱法测定藿香正气水中乙醇含量的方法。

二、实验原理

藿香正气水为酊剂，制备过程中所用溶剂为乙醇，由于制剂中含有乙醇量的高低对于制剂中有效成分的含量、所含杂质的类型及数量、制剂的稳定性等都有影响，所以《中国药典》规定对该类制剂需作乙醇量检查。由于乙醇具有挥发性，故采用气相色谱法测定制剂中乙醇的含量。

三、主要仪器与材料

（1）主要仪器：气相色谱仪。

（2）主要材料：无水乙醇、正丙醇、藿香正气水等。

四、实验内容

1. 标准溶液的制备

精密量取恒温至 20 ℃的无水乙醇和正丙醇各 5 mL，加水稀释成 100 mL，混匀，即得。

2. 供试品溶液的制备

精密量取恒温至 20 ℃的藿香正气水 10 mL 和正丙醇各 5 mL，加水稀释成 100 mL，混匀，即得。

3. 测定法

1）校正因子的测定

取标准溶液 2 μL，连续进样 3 次，记录对照品无水乙醇和内标物质正丙醇的峰面积，按下式计算校正因子：

$$f = \frac{A_s/c_s}{A_R/c_R}$$

式中：A_s 为内标物质正丙醇的峰面积；A_R 为对照品中无水乙醇的峰面积；c_s 为内标物质正丙醇的浓度；c_R 为对照品中无水乙醇的浓度。取 3 次计算的平均值作为结果。

2）供试品溶液的测定

取供试品溶液 2 μL，连续进样 3 次，记录供试品中待测组分的乙醇和内标物质正丙醇的峰面积，按下式计算乙醇含量：

$$c_x = f \times \frac{A_x}{A_s'/c_s'}$$

式中：A_x 为供试品溶液中无水乙醇峰面积；c_x 为供试品的浓度；f 为校正因子；A_s' 和 c_s' 分别为内标物质的峰面积和浓度。取 3 次计算的平均值作为结果。

五、注意事项

（1）在含内标物质的供试品溶液的色谱图中，与内标物质峰相应的位置处不得出现杂质峰。

（2）用供试品溶液和标准溶液各连续进样 3 次所得的各校正因子和乙醇含量与其相应的平均值的相对偏差均不应大于 1.5%，否则应重新测定。

六、思考题

（1）为什么选用气相色谱法测定藿香正气水中乙醇的含量？
（2）用气相色谱仪时应注意哪些事项？

实验九　用气相色谱法测定牛黄解毒片中冰片的含量

一、实验目的

（1）掌握用气相色谱法测定牛黄解毒片中冰片含量的原理及方法。
（2）熟悉气相色谱一般定量方法及操作。

二、实验原理

气相色谱法的流动相为气体，称为载气。色谱柱分为填充柱和毛细管柱两种。填充柱内装吸附剂、高分子多孔小球或涂渍固定液的载体。毛细管柱内壁或载体经涂渍或交联固定液。注入进样口的供试品被加热汽化，并被载气带入色谱柱，在柱内依据不同原理分离后，各成分先后进入检测器，色谱信号由记录仪或数据处理器记录。

牛黄解毒片是由多种药物组成的中成药，冰片是其中一味药。处方中冰片由龙脑、异龙脑组成。根据冰片易汽化，从而与其他共存成分分离的特点，采用气相色谱法进行定量分析。内标定量法的关键是选择合适的内标物,内标物峰需与被测物峰邻近,且能明显分离,峰值之间有比较关系。本实验采用十五烷作为内标物,根据两峰峰面积之比及校正因子计算冰片的含量。

三、主要仪器与材料

(1)主要仪器:气相色谱仪。

(2)主要材料:牛黄解毒片、十五烷、冰片、乙酸乙酯等。

四、实验内容

1. 定量校正因子的测定

精密称取十五烷约 0.3 g 及冰片 0.3~0.4 g,加乙酸乙酯溶解,准确配成 10 mL,摇匀;按色谱条件测定,计算校正因子。

2. 样品测定

取牛黄解毒片 10 片,放于乳钵中研细,转移于 50 mL 带塞三角瓶中,用乙酸乙酯 15 mL 分次清洗乳钵,收集洗液于三角瓶中,加盖,摇匀,放置 8 h 以上;过滤,用 10 mL 乙酸乙酯分 3 次冲洗药渣,然后在滤液中精密加入内标物约 0.4 g,用溶剂准确配至 25 mL,摇匀;按色谱条件进样,根据龙脑与异龙脑总峰面积和十五烷峰面积,用内标法求出冰片含量。

五、注意事项

(1)仪器及色谱条件。

仪器:气相色谱仪。

色谱柱:毛细管柱 0.53 mm × 15 m。

固定相:SE-15。

检测器:FID。

气体流速:N_2,30 mL/min;H_2,43 mL/min;空气,305 mL/min。

温度:色谱柱起始温度为 110 ℃,保温 3 min,以 20 ℃/min 的升温速度升温至 150 ℃,保温 1 min;检测器温度为 200 ℃,汽化温度为 200 ℃。

进样量:1.0 μL。

(2)爱护微量注射器,进样时动作应轻捷,防止损坏。

六、思考题

(1)气相色谱用于定量可采用哪几种方法?

(2)选用内标法有何优点?

(3)本实验哪些因素会对结果产生影响?

实验十 用荧光分光光度法测定盐酸苯海拉明片的含量

一、实验目的

（1）掌握荧光分光光度计的基本操作方法。

（2）熟悉用荧光分光光度法测定药物含量的基本原理。

二、实验原理

某些物质受紫外光或可见光照射激发后，能发射出波长比激发光长的荧光。当激发光停止照射后，荧光随之消失。同一种分子结构的物质，用同一波长的激发光照射，可以发射相同波长的荧光。当激发光强度、波长、所用溶剂及温度等条件固定时，在一定浓度范围内，物质所发射荧光的强度与溶液中该物质的浓度成正比，可以用于定量分析。盐酸苯海拉明为抗组胺药，在 0.01 mol/L 盐酸中具有荧光。本实验采用荧光分光光度法测定盐酸苯海拉明片的含量。

三、主要仪器与材料

（1）主要仪器：荧光分光光度计、电子天平、离心机、超声仪等。

（2）主要材料：盐酸苯海拉明对照品、盐酸。

四、实验步骤

1. 对照液的制备

（1）对照液 A：精密称取盐酸苯海拉明对照品适量，用 0.01 mol/L 盐酸配制成浓度为 500 μg/mL 的溶液。

（2）对照液 B：精密量取对照液 A 5.0 mL 于 50 mL 容量瓶中，用 0.01 mol/L 盐酸定容，其浓度为 50 μg/mL。

2. 激发与发射光谱的测定

用 0.01 mol/L 盐酸配制一定浓度的对照品溶液，以溶剂为空白溶液，对激发光谱和发射光谱进行扫描。所选择激发波长为 260 nm，发射波长为 288 nm。

3. 线性范围

精密量取对照液 B 适量，用 0.01 mol/L 盐酸配制系列浓度的溶液，以 0.01 mol/L 盐酸为空白溶液，分别测其荧光值 F；以浓度 c 与相应的 F 值进行线性回归，计算线性方程及相关系数。

4. 回收率测定

按处方量称取片剂辅料适量，共三份，置于三个 100 mL 容量瓶中，分别加入对照液 A（500 μg/mL）不同体积，各加入 0.01 mol/L 盐酸约 60 mL；先超声处理 5 min，再用 0.01 mol/L

盐酸定容,摇匀,静置;分别吸取 4.0 mL 置于 20 mL 容量瓶中,用 0.01 mol/L 盐酸定容;再分别取约 5 mL,离心(2 500 r/min)10 min,取上清液,测定。

5.供试品溶液的制备与测定

取盐酸苯海拉明糖衣片 10 片,去糖衣,精密称定,求得平均片重;研细,称取适量细粉(约含盐酸苯海拉明 10 mg)于 100 mL 容量瓶中;加入 0.01 mol/L 盐酸约 60 mL,超声处理 5 min,用 0.01 mol/L 盐酸定容,摇匀,静置;取上清液 1.0 mL,置于 25 mL 容量瓶中,用 0.01 mol/L 盐酸定容;取约 5 mL,离心(2 500 r/min)10 min,取上清液,测荧光。另配制 4.0 μg/mL 对照液同法测定,并读取试剂空白的读数,计算样品含量。

四、注意事项

(1)进行荧光测定时,所用试剂、水及玻璃仪器均应严格处理,如水需要用双蒸水,玻璃仪器也需经过常规洗涤后,用双蒸水冲洗干净,烘干。

(2)由于不易测定绝对荧光强度,故在每次测定之前,用一定浓度的对照溶液校正仪器的灵敏度,然后在相同条件下,读取对照品溶液、供试品溶液及试剂空白的荧光读数。

五、思考题

(1)为什么荧光分析法需在低浓度溶液中进行?

(2)为什么荧光分析法必须做空白实验?

第八章　天然药物提取和分离实验

实验一　芦丁的提取和鉴定

一、实验目的

（1）以芦丁为例学习黄酮类成分的提取和分离方法。

（2）掌握黄酮类成分的主要性质及黄酮苷、苷元的鉴定方法。

二、实验原理

芦丁亦称芸香苷，是一种天然的黄酮苷，广泛存在于植物界中，其中槐花米和荞麦叶含有丰富的芦丁，可作为提取芦丁的原料。

黄酮苷类虽有一定的极性，可溶于水，但却难溶于酸性水，易溶于碱性水，故可用碱性水提取，再于碱性提取物中加入酸，黄酮苷类即可沉淀析出。此法简便易行，富有实用价值。

槐花米系豆科植物槐树（*Sophora japonica*）的花蕾，自古作为止血药。槐花米中所含主要成分芸香苷有减小毛细血管通透性的作用，临床上主要作为防治高血压的辅助治疗药物。此外，芦丁对于放射线伤害所引起的出血症亦有一定的作用。

槐花米中芦丁的含量可高达 20%，另含少量皂苷。皂苷水解后，可得到桦皮醇及槐二醇。

1. 芦丁

本品为淡黄色细小针状结晶，分子式为 $C_{27}H_{36}O_{16} \cdot 3H_2O$，熔点为 177~178 ℃，无水物熔点为 190 ℃（不完全），在 214~215 ℃ 发泡分解。芦丁溶于热水（1∶200），难溶于冷水（1∶8 000）；溶于热甲醇（1∶7）、冷甲醇（1∶100），热乙醇（1∶30）、冷乙醇（1∶300）；难溶于乙酸乙酯、丙酮；不溶于苯、氯仿、乙醚及石油醚等溶剂。此外，芦丁易溶于碱液中，使溶液呈黄色，经酸化后又析出。芦丁的结构式为

2. 槲皮素

槲皮素即芸香苷苷元,为黄色结晶,其分子式为 $C_{15}H_{10}O_7 \cdot 2H_2O$,熔点为 313~314 ℃,无水物熔点为 316 ℃。槲皮素溶于热乙醇(1:23)和冷乙醇(1:300);可溶于冰醋酸、吡啶、乙酸乙酯、丙酮等溶剂;不溶于石油醚、苯、乙醚、氯仿和水中。其结构式为

3. 皂苷

皂苷易溶于水、吡啶,能溶于甲醇。经酸水解后得桦皮醇及槐二醇,二者均溶于苯、乙醚、氯仿、丙酮、乙酸乙酯、乙醇、甲醇。

三、主要仪器与材料

(1)主要仪器:水浴锅、紫外灯、多孔玻璃漏斗、磨口圆底烧瓶、100 mL 蒸发皿,烧杯。
(2)主要材料:槐花米、芦丁和槲皮素对照品、pH 试纸、聚酰胺板、生石灰。

四、实验内容

1. 芦丁的提取

取完整的槐花米 40 g,置于 250 mL 烧杯中,用冷水快速清洗,去除泥沙等杂质,沥干水,加 0.4% 硼砂溶液 400 mL 煮沸,在搅拌下以石灰乳调至 pH = 8,加热微沸 30 min,补充失去的水分,并保持 pH = 8,静置 5~10 min;倾出上清液,用尼龙布过滤、重复提取 1 次,合并滤液,将滤液用盐酸调至 pH = 5 左右,放置过夜;抽滤,用水洗 3 至 4 次,放置于空气中自然干燥或烘箱中在 70 ℃左右干燥,得粗芦丁。

2. 重结晶

取粗芦丁 2 g,加乙醇 50~60 mL,加热溶解,趁热抽滤,将滤液浓缩至 20~30 mL,放置,析出结晶;将母液再浓缩一半,又析出结晶;合并结晶,再用乙醇重结晶 1 次。

3. 芦丁的水解

取芦丁 1 g,加 2% 硫酸溶液 80 mL,加热微沸回流 30~60 min。加热 10 min 后为澄清溶液,逐渐析出黄色小针状结晶,即槲皮素;抽滤,取结晶(保留滤液 20 mL,以检查其中所含单糖),加 50% 乙醇(按 1 克 90 mL 的量),加热回流,得槲皮素粗晶溶液;趁热抽滤,放置析晶,抽滤得精制品,在减压、110 ℃下干燥可得槲皮素无水物,进行薄层鉴定。

4. 芦丁和槲皮素的聚酰胺薄层鉴定

样品:自制芦丁和槲皮素。
对照品:芦丁、槲皮素。
展开剂:乙醇－水(体积比为 7:3)。
显色:①可见光下观察,再在紫外灯下观察;②经氨气熏后再观察;③喷三氯化铝试剂后再观察。

五、实验结果

（1）计算粗芦丁和精制芦丁的得率。

（2）记录聚酰胺板显色前后的变化。

（3）画出检测结果并计算比移值。

六、思考题

（1）在提取芦丁的工艺中，影响芦丁产量与质量的因素是什么？

（2）为什么要加硼砂溶液？

实验二　用大孔吸附树脂分离和纯化白头翁皂苷

一、实验目的

（1）了解大孔树脂的性质和作用原理。

（2）掌握用大孔树脂分离天然亲水性成分的方法。

（3）了解中药白头翁的主要化学成分。

二、实验原理

大孔吸附树脂是一种不含交换基团、具有大孔结构的高分子吸附剂，是一种亲脂性物质，具有各种不同的表面性质，依靠分子中的亲脂键、偶极离子及氢键的作用，可以有效地吸附具有不同化学性质的各种类型化合物，同时也容易解吸附。

大孔吸附树脂可按极性强弱分为极性、中极性和非极性三种。如 D101 型大孔树脂，为非极性吸附树脂，其结构是聚 2- 甲基苯乙烯，具有吸附速度快、选择性好、吸附容量大、再生处理简单、机械强度高等优点。根据反相层析和分子筛原理，它对大分子亲水性成分吸附力弱，对非极性物质吸附力强，适用于亲水性和中等极性物质的分离，可除去混合物中的糖和弱极性小分子有机物，被分离组分的极性差别越大，分离效果越好。一般用水、含水甲醇或乙醇、丙酮洗脱，最后用浓醇或丙酮洗脱，再生时用甲醇或乙醇浸泡洗涤即可。

三、主要仪器与材料

（1）主要仪器：索氏提取器、旋转蒸发仪、真空泵等。

（2）主要材料：白头翁、乙醇、活性炭、D101 型大孔树脂、硅胶 G 板、BAW 等。

四、实验内容

1. 大孔树脂的预处理

取 D101 型大孔树脂 100 g，置于 500 mL 索氏提取器中，用 300 mL 乙醇回流 2.5 h；待 1 份回流液加 3 份水无混浊时，取出树脂，沥干乙醇，转入蒸馏水中，浸泡待用。

2. 提取

取 50 g 白头翁药材,加 200 mL 工业乙醇回流 1.5 h;过滤,重复提取 1 次,合并滤液,回收乙醇至 10 mL,加乙醚沉淀;倒出上清液,过滤;沉淀用水溶解,以活性炭脱色,过滤,滤液上柱。

3. 洗脱

取 3×40 cm 的玻璃柱,下端垫上棉花,湿法装入 60 g 大孔树脂,上端再加入少许棉花;取总皂苷液上柱,用水 200 mL 洗脱,再用 20%、50%、95% 乙醇各 200 mL 洗脱,至洗脱流分中不含皂苷,收集各洗脱液流分。

4. 检测

洗脱液 20% 乙醇、50% 乙醇部分各流分取 10 mL 于水浴中加热蒸发,浓缩至 2 mL,进行点样;95% 乙醇部分水浴回收至小体积(约 30 mL),进行点样。

TLC 检测:用硅胶 G 板,BAW(4∶1∶1)展开,10% 硫酸液,在 105 ℃下显色。

五、实验结果

观察皂苷是否实现分离,画出检测结果并计算比移值。

六、思考题

(1)大孔吸附树脂用于分离的原理是什么?在天然物化学成分提取和分离中有何用途?

(2)大孔吸附树脂用于白头翁皂苷的分离时,洗脱次序有何规律?

(3)大孔吸附树脂用于分离时应如何处理?

实验三　白芷中香豆素的提取、分离和鉴定

白芷为伞形科植物白芷 [*Angelica dahurica*(Fisch.ex Hoffm.)Benth.et Hook. f.ex Franch. et Sav.] 和杭白芷 [*Angelica dahurica*(Fisch.ex Hoffm.)Benth.et Hook. f. var. formosana (Boiss.)Shan et Yuan] 的干燥根,有散风除湿、通窍止痛、消肿排脓的功能。白芷中的主要有效成分为香豆素类化合物。用单味白芷的提取物(主要是香豆素类化合物)制成的制剂对功能性头痛、白癜风的临床疗效较好。异欧前胡素和欧前胡素为白芷的主要有效成分,其结构式如图 8.3.1 所示。

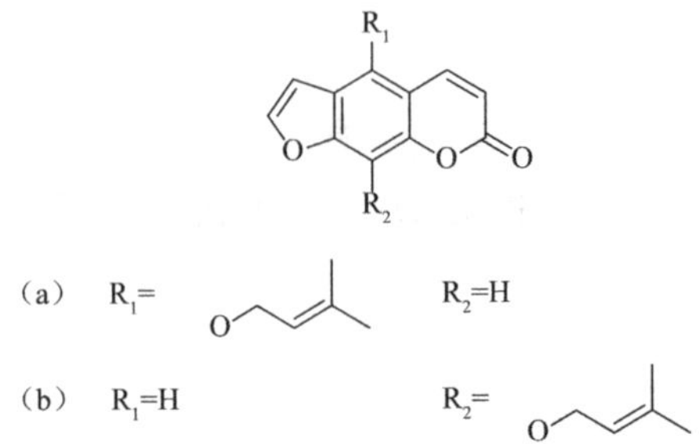

图 8.3.1　异欧前胡素和欧前胡素的结构式

(a)异欧前胡素　(b)欧前胡素

一、实验目的

（1）掌握连续回流提取法的原理和方法。

（2）掌握重结晶的原理和方法。

（3）掌握柱色谱的操作和化合物纯度的鉴定方法。

二、实验原理

常见的提取方法有溶剂提取法、水蒸气蒸馏法、升华法，其中溶剂提取法应用最广泛。溶剂提取法的原理是：根据相似相溶原理，选择与化合物极性相当的溶剂将化合物从植物组织中溶解出来，同时，由于某些化合物的增溶或助溶作用，与溶剂极性相差较大的化合物也可溶解出来。溶剂提取法一般包括浸渍法、渗漉法、煎煮法、回流提取法、连续回流提取法等，其适用环境和特点各有不同。连续回流提取法具有提取效率高、溶剂用量少等优点。

本实验利用连续回流提取法提取白芷中的香豆素成分，并对两种香豆素成分进行硅胶柱色谱分离。

三、主要仪器与材料

（1）主要仪器：烧杯、圆底烧瓶、三角烧瓶、索氏提取器、电子天平、恒温水浴锅、硅胶薄层板、层析缸、球形冷凝管、真空泵、色谱柱、三用紫外仪等。

（2）主要材料：白芷粗粉、异欧前胡素和欧前胡素标准品、石油醚、乙醚、丙酮、乙酸乙酯、乙醇、蒸馏水、硅胶（200~300目）等。

四、实验内容

1. 白芷中香豆素的提取

取30 g白芷粗粉，置于索氏提取器中，加入300 mL 95%乙醇，在80 ℃的恒温水浴中回流2 h，将提取液减压浓缩至糖浆状；用丙酮溶解糖浆状提取液并转移至50 mL三角烧瓶中，放置结晶；抽滤后，重结晶，所得产品干燥称重，计算收率。

2. 产品的薄层色谱鉴定

色谱材料：硅胶薄层板。

点样：产品、欧前胡素和异欧前胡素标准品。

展开剂：石油醚 - 乙醚（1∶1）混合液，石油醚 - 乙酸乙酯（3∶1）混合液。

显色：置于紫外光灯（365 nm）下，观察斑点颜色。

展开方式：预饱和后，上行展开。

3. 产品柱色谱分离

取从白芷中提取的香豆素粗品1.0 g，加适量丙酮溶解，硅胶拌样，蒸去溶剂，上样于已备好的色谱柱（ϕ2.6 cm × 30 cm）上；以石油醚 - 乙酸乙酯（3∶1）混合液洗脱，分段收集洗脱液，用薄层色谱检测，确定欧前胡素和异欧前胡素所在收集液；分别合并只含欧前胡素或异欧前胡素的收集液,再减压蒸去溶剂,所得产品干燥称重,计算收率。

五、实验结果

1.记录实验条件、现象、图谱、斑点颜色、各试剂用量及产品的质量

用索氏提取器提取2 h后得到棕色的澄明液体,真空抽提后得到深棕色的糖浆状浓稠液体;用丙酮转移静置后析出淡黄色晶体,精制后得到白色晶体;在紫外光下观察,得图谱和斑点的颜色,如图8.3.2所示。

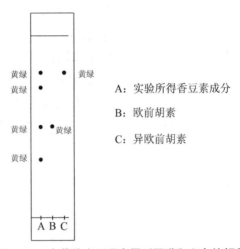

图8.3.2 在紫外光下观察得到图谱和斑点的颜色

香豆素样品中除含有欧前胡素和异欧前胡素两种物质外,还含有其他两种未知物质,在紫外光照射下显紫色。

2.计算收率

设得到的香豆素总质量为m,则收率ϕ可按下式计算:

$$\phi = \frac{m}{30} \times 100\%$$

六、注意事项

用柱色谱分离时,色谱柱装填要均匀,要保证径高比例适当;在柱色谱分离中要采用薄层色谱及时进行分析,要使用标准品对照确定欧前胡素和异欧前胡素所在收集液位置,实时监测,确保各组分分离完好。

七、思考题

(1)连续回流提取法的原理是什么?有何特点?
(2)对比浸渍法、渗漉法、煎煮法、回流提取法和连续回流提取法的使用范围和特点。

实验四　黄芪多糖的提取、纯化和含量测定

黄芪为豆科植物蒙古黄芪 [*Astragalus membranaceus*（Fisch.）Bge. var. Mongholicus（Bge.）Hsiao] 或膜荚黄芪 [*Astragalus membranaceus*（Fisch.）Bge.] 的干燥根。黄芪为常用补益中药，性温，味甘，其主要成分有黄芪皂苷、胡萝卜素、丁酸、叶酸、苦味素、香豆素、胆碱、甜菜碱、亚油酸、亚麻酸、氨基酸等，具有补气固表、排毒生肌、利水消肿之功能。现代医学研究发现，黄芪具有增强机体免疫功能、增强细胞代谢、调节 DNA 复制及 RNA 和蛋白质的合成、固肾降压、保肝抗炎的功能。黄芪多糖是黄芪的主要活性成分之一，可作为免疫促进剂或调节剂，同时具有抗病毒、抗肿瘤、抗衰老、抗辐射、抗应激和抗氧化等作用，在医学和兽医临床上的研究和应用较广泛。

一、实验目的

（1）掌握应用水提醇沉法提取、精制、分离多糖类化合物的原理、方法和操作要点。
（2）掌握利用凝胶阴离子交换树脂进行多糖类化合物精制的原理、方法和操作要点。
（3）掌握多糖类化合物的鉴定方法。

二、实验原理

本实验利用多糖溶于水、酸、碱和盐溶液而不溶于醇、醚和丙酮等有机溶剂的特点，以水为溶媒，采用煎煮法提取多糖；然后以不同浓度乙醇为沉淀剂，使黄芪多糖沉淀析出，达到将多糖与其余成分初步分离的目的。

提取得到的粗品中含有低分子杂质及其他杂质，可通过交联葡聚糖凝胶阴离子交换色谱、透析及多次醇沉操作得以去除，从而达到精制、分离的目的。

三、主要仪器与材料

（1）主要仪器：电炉、减压浓缩装置、离心机、分析天平、抽滤装置、中空纤维超滤器、冰箱、层析柱、透析装置、电泳装置、真空干燥器、水浴锅、定量吸管、具塞刻度试管、试管、容量瓶、紫外分光光度计等。

（2）主要材料：黄芪药材、95% 乙醇、无水乙醇、DEAE-Sephadex A-25 阴离子交换树脂、透析膜（纤维膜）、五氧化二磷、α- 萘酚、硫酸、葡萄糖对照品、苯酚等。

四、实验内容

1. 黄芪多糖的提取（水提醇沉法）
用水提醇沉法提取黄芪多糖的流程如图 8.4.1 所示。

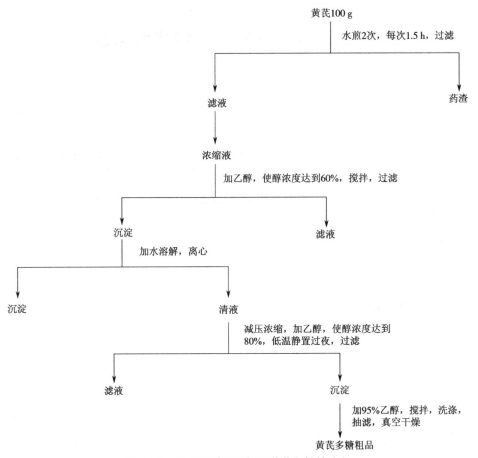

图 8.4.1　用水提醇沉法提取黄芪多糖的流程

2.黄芪多糖的分离和精制

黄芪多糖的分离和精制流程如图 8.4.2 所示。

黄芪多糖的鉴定与含量测定方法如下。

1）黄芪多糖的鉴定 [莫里希（Molish ）反应]

准确称取黄芪多糖约 0.1 mg，加水 10 mL，振摇使之溶解，过滤；取滤液约 2 mL 于小试管中，加入 2% α- 萘酚乙醇溶液 3 滴，摇匀后，沿试管壁缓缓加入浓硫酸约 1 mL；静置，观察并记录两液面交界处的颜色变化。

2）黄芪多糖的含量测定

（1）对照品溶液的制备：准确称取葡萄糖对照品 10 mg，置于 100 mL 容量瓶中，加水溶解并稀释至刻度，摇匀，即得，其中每 1 mL 溶液中含葡萄糖 0.1 mg。

（2）标准曲线的制备：准确量取对照品溶液 0.1、0.2、0.4、0.6、0.8 和 1.0 mL，分别置于具塞刻度试管中，加水补充至 2 mL，再加入 1.0 mL 5% 苯酚溶液和 5.0 mL 浓硫酸，振摇 5 min，同时作一空白对照；在沸水浴中加热 15 min，取出，以冷水冷却 30 min，在 490 nm 的波长处测定吸光度；以吸光度为纵坐标、葡萄糖浓度为横坐标，绘制标准曲线。

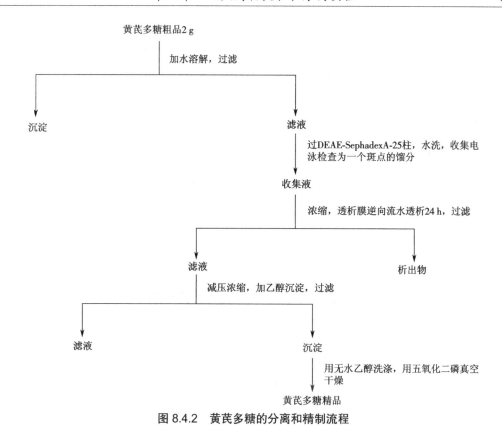

图 8.4.2　黄芪多糖的分离和精制流程

（3）测定方法：准确称取本品约 50 mg，置于 50 mL 容量瓶中，加水溶解并稀释至刻度，摇匀，过滤；准确量取上述滤液 1.0 mL，置于 50 mL 容量瓶中，加水稀释至刻度；准确量取上述溶液 2.0 mL，置于具塞试管中，再加入 1.0 mL 5% 苯酚溶液和 5.0 mL 浓硫酸，振摇 5 min；在沸水浴中加热 15 min，取出，以冷水冷却 30 min，在 490 nm 的波长处测定吸光度；在标准曲线上查出样品吸光度对应的毫克数，计算，即得黄芪多糖的含量。

五、实 验 结 果

（1）记录黄芪多糖粗提液在补加乙醇过程中出现的实验现象，记录所加入的乙醇用量。

（2）记录黄芪原药材、多糖粗品和精制品的精确质量，计算各提取步骤的多糖收率。

（3）根据分光光度法测定的实验结果，计算黄芪原药中黄芪多糖的含量。

六、注 意 事 项

（1）黄芪药材在提取前应切片或略加粉碎，这样有助于多糖的溶解。

（2）本实验醇沉前的浓缩操作是为了减少乙醇的用量，使沉淀完全。但药液浓度太大，黏稠度过高，则乙醇与药液难以充分接触，黄芪多糖无法充分沉淀析出，会导致收率降低；药液浓度过低，则需消耗大量的乙醇、时间和能源。因此，适宜的浓缩程度对于提高收率是必要的。建议本实验提取液以浓缩至原体积的 1/3~1/2 为宜。

（3）本实验大量采用醇沉操作。操作中调节药液含醇量时,应将计算量的乙醇加入药液中,不宜用醇度计直接在含醇的药液中测量其含醇量。另外,加醇的方式也要注意,乙醇应慢慢加入,边加边搅拌,使含醇量逐步提高,从而使黄芪多糖逐渐析出,防止析出过快而致大量杂质被包裹在沉淀中。加醇时药液温度不能太高,加至所需含醇量后,密闭,以防挥发;最好在低温下冷藏过夜,使黄芪多糖充分析出。

七、思考题

（1）在本实验中如何去除多肽、酶、蛋白质等大分子物质?

（2）在使用酚醛缩合（Molish）反应进行多糖类化合物的检识时,其反应过程与单糖有什么不同?

（3）本实验中采用什么操作使黄芪多糖充分沉淀,从而达到初步精制和分离的目的?

实验五　黄连素的提取和分离

黄连（*Coptis chinensis* Franch.）为多年生草本植物,其根茎中含有多种生物碱,如小檗碱（黄连素）、甲基黄连碱、棕榈碱、非洲防己碱等,其中黄连素的质量分数在 4%~10%。黄连素是一种具有多种功效的常用药,临床上是一种抗菌消炎药,并有降低血清胆固醇的作用。近期研究发现,黄连素还具有降血糖、抗心律失常等功效。

黄连素是黄色针状晶体,存在三种互变异构体,分别为季铵式、醇式和醛式（图 8.5.1）。在自然界中黄连素主要以季铵碱式存在。

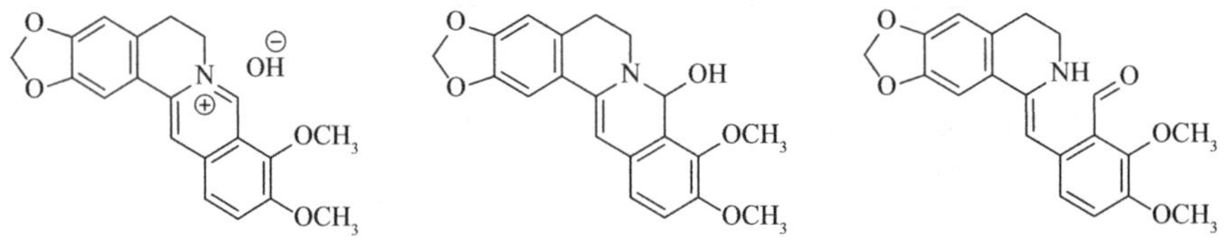

图 8.5.1　黄连素的互变异构体

（a）季铵式　（b）醇式　（c）醛式

一、实验目的

（1）掌握从黄连中提取黄连素的原理和方法。

（2）掌握生物碱类化合物的纯化方法。

二、实验原理

黄连素可溶于乙醇,也溶于热水,难溶于乙醚和苯等有机溶剂,因此可以用适当的溶剂将其溶解和提取出来。本实验用乙醇作为提取黄连素的溶剂,并向提取出来的黄连素中加入盐酸,使其以盐酸盐晶体的形式析出。

三、主要仪器与材料

(1)主要仪器:圆底烧瓶、回流冷凝管或索氏提取器、锥形瓶、抽滤瓶、布氏漏斗、循环水真空泵、旋转蒸发仪、紫外光谱仪、红外光谱仪等。

(2)主要材料:95% 乙醇、浓盐酸、乙酸、丙酮、石灰乳、黄连等。

四、实验内容

1. 溶剂抽提

称取 5 g 黄连,切碎,在研钵中捣碎、磨细后放入 100 mL 圆底烧瓶中,然后加入 50 mL 95% 乙醇,安装球形冷凝管,用水浴加热回流 30 min,再静置浸泡 1 h;减压抽滤,滤渣重复上述操作处理 2 次(后 2 次提取可适当减少乙醇用量和缩短浸泡时间);合并 3 次所得滤液即黄连素提取液。上述过程也可在索氏提取器中进行。

2. 分离和纯化

将提取液倒入 250 mL 圆底烧瓶中,用旋转蒸发仪在循环水真空泵减压下蒸馏回收乙醇;当烧瓶内残留液呈棕红色糖浆状时,可停止蒸馏(不可蒸干);再向烧瓶内加入 15~20 mL 1% 乙酸溶液,加热溶解,趁热抽滤以除去不溶物;将滤液转入锥形瓶,向滤液中滴加浓盐酸,直至溶液变混浊为止(约需 5 mL);在冰水浴中放置冷却,即有黄色针状体黄连素盐酸盐析出;减压抽滤,结晶用冰水洗涤 2 次,再用丙酮洗涤 1 次;烘干(注意在 220 ℃左右熔化),称重,约得黄连素粗品 0.5 g;将黄连素盐酸盐加热水至刚好溶解,煮沸,用石灰乳调节 pH 值为 8.5~9.8,冷却后滤去杂质;滤液继续冷至室温,即有游离的黄连素黄色针状晶体析出,减压过滤;将结晶置于烘箱内,于 50~60 ℃下干燥,即得黄连素精品,其熔点为 145 ℃。

五、实验结果

(1)记录各步骤实验条件、过程中实验现象和试剂用量。

(2)记录黄连原药材、黄连素粗品和黄连素精品的精确质量,计算各步骤的收率。

(3)分析滴加浓盐酸的速度和滴加量对黄连素晶体产量和产品纯度的影响。

六、注意事项

(1)黄连可磨成粉末,切成片状,或刨成丝状,主要由其提取方法而定。

(2)加醋酸时,要使糖浆状物质完全溶解(可采用加热或振摇方法),否则会导致收率降低。

(3)为缩短提取时间,可采用索氏提取器,且效果更佳。

(4)烘干温度不宜太高,否则产品颜色加深,变为棕色。

七、思考题

（1）黄连素为何种生物碱类的化合物？用哪种化学方法可以鉴定？

（2）黄连素的提取方法是根据黄连素的什么性质来设计的？常用的提取方法有哪几种？

实验六　大黄中蒽醌类成分的提取、分离和鉴定

大黄为蓼科植物掌叶大黄（*Rheum palmatum* L.）、唐古特大黄（*Rheum.tanguticum* Maxin.exBalf.）或药用大黄（*Rheum.officinale* Baill.）的干燥根及根茎。其味苦、性寒，具有泻热通肠、凉血解毒、逐瘀通经、利湿退黄之功效。大黄具有广泛的药理活性，大黄中的番泻苷类有较强的泻下作用；游离蒽醌类虽泻下作用较弱，但具有良好的抗菌活性，其中芦荟大黄素、大黄素及大黄酸的抗菌作用尤为显著，对多数革兰阳性菌均有抑制作用。此外，大黄还具有抗肿瘤、保肝利胆、利尿、止血等功效，常用于治疗胃、肠、肝、胆等疾病；外用可治疗烧伤、烫伤等。

大黄的主要成分为蒽醌类化合物，总含量为 2%~5%，其中游离的羟基蒽醌类化合物占 10%~20%，主要为大黄酚、大黄素、芦荟大黄素、大黄素甲醚和大黄酸等。大多数羟基蒽醌类化合物以苷的形式存在，如大黄酚葡萄糖苷、大黄素葡萄糖苷、大黄酸葡萄糖苷、芦荟大黄素葡萄糖苷、一些双葡萄糖链苷及少量的番泻苷 A、B、C、D。其主要成分的结构（图 8.6.1）和理化性质如下。

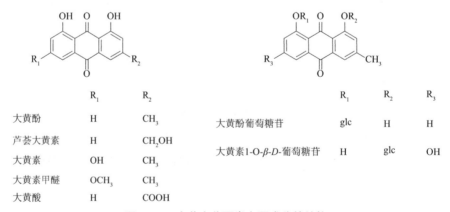

图 8.6.1　大黄中蒽醌类主要成分的结构

（1）大黄酚：熔点 196 ℃，长方形或单斜形结晶（乙醚或苯），能升华，不溶于水，难溶于石油醚，微溶于冷乙醇，溶于苯、三氯甲烷、乙醚、醋酸及丙酮中，易溶于热的乙醇、氢氧化钠溶液中。

（2）大黄素：熔点 256~257 ℃，橙色针状结晶（乙醇），几乎不溶于水，溶于乙醇、甲醇、丙酮、氨水、碳酸钠溶液、氢氧化钠溶液。

（3）芦荟大黄素:熔点 223~224 ℃,橙色针状结晶(甲苯),略溶于乙醇、苯、三氯甲烷、乙醚和石油醚,溶于碱水溶液和吡啶,易溶于热的乙醇、丙酮、甲醇和稀氢氧化钠溶液。

（4）大黄素甲醚:熔点 207 ℃,金黄色针状结晶,不溶于水和碳酸钠溶液,微溶于乙酸乙酯、甲醇、乙醚,易溶于苯、吡啶、三氯甲烷、氢氧化钠溶液。

一、实验目的

（1）掌握游离羟基蒽醌类成分的提取方法。

（2）掌握用 pH 梯度萃取法分离酸性不同的蒽醌类成分的原理及操作技术。

（3）掌握硅胶柱色谱的操作技术。

（4）掌握蒽醌类成分的理化性质和鉴别方法。

二、实验原理

（1）大黄中羟基蒽醌类化合物主要以苷的形式存在,可利用蒽醌苷类成分酸水解形成的苷元极性较小、溶于有机溶剂的性质,采用两相水解法得总蒽醌苷元。

（2）游离羟基蒽醌类成分由于结构中取代基不同所表现出的酸性也不同,故可采用 pH 梯度萃取法分离。

（3）利用不同结构羟基蒽醌类化合物与硅胶的吸附力差异,结合其极性的差异,可采用硅胶柱色谱分离大黄酚和大黄素甲醚。

三、主要仪器与材料

（1）主要仪器:水浴锅、圆底烧瓶、冷凝管、分液漏斗、烧杯、层析缸、锥形瓶、色谱柱等。

（2）主要材料:大黄、20% 硫酸溶液、浓盐酸、5% 碳酸氢钠溶液、5% 碳酸钠溶液、1% 氢氧化钠溶液、乙醇、三氯甲烷、石油醚、乙酸乙酯、1% 乙酸镁甲醇溶液等。

四、实验步骤

1. 提取和分离

大黄中游离蒽醌类成分的提取和分离流程如图 8.6.2 所示。

2. 游离蒽醌的提取

取大黄粗粉 50 g,置于 500 mL 圆底烧瓶中,加 20% 硫酸溶液 100 mL 和三氯甲烷 250 mL,水浴回流提取 3 h;冷却至室温后滤过,弃去药渣,将滤液置于分液漏斗中,分出酸水层,得三氯甲烷提取液。

3. pH 梯度萃取分离

（1）将三氯甲烷提取液置于 500 mL 分液漏斗中,用 5% 碳酸氢钠溶液 200 mL 萃取 1次,分出碱水层,置于 250 mL 锥形瓶中,在搅拌状态下滴加浓盐酸调节至 pH = 2,可得大黄酸沉淀。

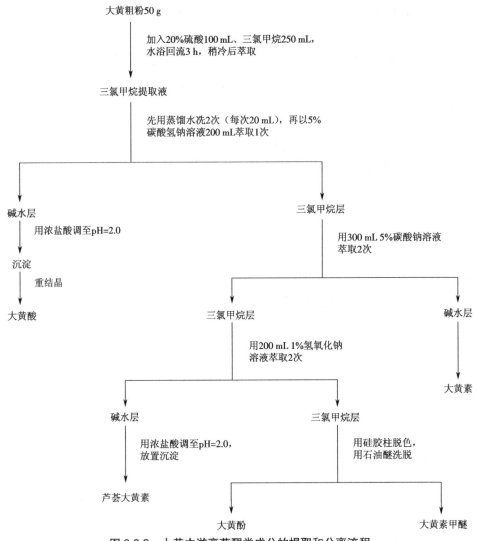

图 8.6.2　大黄中游离蒽醌类成分的提取和分离流程

（2）经 5% 碳酸氢钠溶液萃取后的三氯甲烷层,用 5% 碳酸钠溶液 300 mL 萃取 2 次,合并 2 次的碳酸钠萃取液,并酸化,得大黄素沉淀;经 5% 碳酸钠水溶液萃取后的三氯甲烷层,用 1% 氢氧化钠溶液 200 mL 萃取 2 次,合并 2 次的氢氧化钠萃取液,酸化得芦荟大黄素沉淀(酸化操作同前)。

（3）去除芦荟大黄素后余下的三氯甲烷层,用 3% 氢氧化钠溶液 500 mL 分 2 次萃取,至碱水层无色为止;合并碱水层,加盐酸酸化至 pH = 3,析出黄色沉淀;过滤,水洗至中性,干燥,得到大黄素甲醚和大黄酚的混合物,作为硅胶柱色谱分离的样品。

4. 硅胶柱色谱分离大黄素甲醚和大黄酚

（1）装柱:取色谱柱,于柱子的下端填一层松紧适合且平整的脱脂棉;通过漏斗将 60~100 目硅胶 G 粉 10 g 徐徐加入柱内,轻轻敲打色谱柱,使柱面平整,柱内硅胶粉均匀充实,然后将色谱柱垂直地固定在铁架台上。

（2）上样：将大黄素甲醚和大黄酚的混合物用三氯甲烷溶解，用移液管小心加入色谱柱柱顶端。

（3）洗脱和收集：用石油醚（沸程为 60~90 ℃）作为洗脱剂，缓缓加入色谱柱的顶端，打开色谱柱下端活塞；继续加入洗脱剂，分段收集，每份 3 mL；以硅胶薄层色谱法检查每一流分，合并相同的成分，回收溶剂，用甲醇重结晶，分别得大黄素甲醚和大黄酚精制品。

5. 游离蒽醌类化合物的鉴定

1）化学反应鉴别

碱液呈色反应：分别取各蒽醌结晶少许，置于试管中，各加 1 mL 乙醇溶解，加 10% 氢氧化钠溶液 2 滴观察颜色变化，羟基蒽醌类应呈红色。

乙酸镁反应：分别取各蒽醌结晶少许，置于试管中，各加乙醇 1 mL 使溶解，滴加 1% 乙酸镁乙醇溶液 3 滴，观察颜色变化，羟基蒽醌应显橙色到蓝紫色。

2）薄层色谱鉴别

样品：上述分别获得的大黄酸、大黄素、芦荟大黄素、大黄素甲醚和大黄酚的三氯甲烷溶液及各相应对照品的三氯甲烷溶液。

吸附剂：硅胶 G-CMC-Na 板，湿法铺板，在 105 ℃下活化 0.5 h。

展开剂：石油醚（沸程为 30~60 ℃）- 乙酸乙酯 - 甲酸（15：5：1）上层溶液。

显色：在可见光下观察，记录黄色斑点出现的位置，然后用浓氨水熏或喷 5% 乙酸镁甲醇溶液，斑点显红色。

五、注意事项

（1）提取时所得三氯甲烷溶液中若带有酸水液，应用分液漏斗分出弃去，可先用蒸馏水洗去三氯甲烷液中的酸。

（2）碱液萃取时容易发生乳化，因此要轻轻振摇。

（3）每次加碱液进行 pH 梯度萃取时，要测一下三氯甲烷溶液的 pH 值。

六、思考题

（1）简述大黄中五种游离羟基蒽醌化合物的酸性与结构的关系。

（2）pH 梯度萃取法的原理是什么？该法适用于哪些中药成分的分离？

实验七　虎杖中蒽醌类成分的提取、分离和鉴定

虎杖为蓼科植物虎杖（*Polygonum cuspidatum* Sieb.et Zucc.）的干燥根茎及根，味苦，微酸、涩，性凉，具有祛风、利湿、破瘀、通经之功效，民间多将其用于消炎、杀菌、利尿和镇痛，近年来也用于烫伤、出血、高血脂和各种结石的治疗。虎杖中含有大量的蒽醌类成分，主要为大黄酸、大黄素、大黄素甲醚、大黄酚、蒽苷 A（Anthraglycoside A，即大黄素甲醚 -8-O-*D*- 葡萄糖苷）和蒽苷 B（Anthraglycoside B，即大黄素 -8-O-*D*- 葡萄糖苷）。此外，尚含有虎杖苷

（polydatin，即 3，4，5′ - 三羟基芪 -3-*β-D-* 葡萄糖苷）及黄酮类、对苯醌长链萜类、多糖等。其主要成分的结构（图 8.7.1）和理化性质如下。

图 8.7.1　虎杖中蒽醌类主要成分的结构

（1）大黄酚：熔点 196 ℃，能升华，金黄色六角形片状结晶（丙酮）或针状结晶（乙醇），易溶于苯、三氯甲烷、乙醚、乙醇、醋酸，可溶于氢氧化钠溶液及热水溶液，稍溶于甲醇，难溶于石油醚。

（2）大黄素：熔点 256~257 ℃，可升华，橙黄色条状结晶（丙酮中为橙色，甲醇中为黄色），易溶于乙醇，可溶于氨水、碳酸钠和氢氧化钠溶液，几乎不溶于水。

（3）大黄素甲醚：熔点 207 ℃，能升华，橙黄色针晶，溶解性与大黄酚相似。

（4）白藜芦醇葡萄糖苷：熔点 223~226 ℃（分解），无色针状结晶，易溶于甲醇、乙醇、丙酮、热水，可溶于乙酸乙酯、碳酸钠和氢氧化钠溶液，微溶于冷水，难溶于乙醚。

（5）白藜芦醇：无色针状结晶，能升华，易溶于乙醚、三氯甲烷、甲醇、乙醇、丙酮等。

一、实验目的

（1）掌握用溶剂法从虎杖中提取和分离游离羟基蒽醌的方法。

（2）掌握用 pH 梯度萃取法分离酸性不同的蒽醌类成分的原理及实验方法。

（3）熟悉提纯亲水苷类（虎杖苷）的方法。

（4）了解蒽醌类成分的理化性质和检识反应。

二、实验原理

（1）利用溶剂的极性不同来分离虎杖中脂溶性成分和水溶性成分。

（2）根据蒽醌类苷元能溶于有机溶剂的性质，用乙醚提取，再利用游离蒽醌类化合物酸性强弱不同，用 pH 梯度法进行分离。

三、主要仪器与材料

（1）主要仪器：水浴锅、圆底烧瓶、冷凝管、分液漏斗、烧杯、层析缸、锥形瓶等。

（2）主要材料：虎杖、浓盐酸、20% 硫酸溶液、5% 碳酸氢钠溶液、5% 碳酸钠溶液、1% 氢氧化钠溶液、三氯甲烷、石油醚、乙酸乙酯、1% 乙酸镁甲醇溶液、乙醇等。

四、实验内容

1. 提取和分离流程

虎杖中蒽醌类成分的提取和分离流程如图 8.7.1 所示。

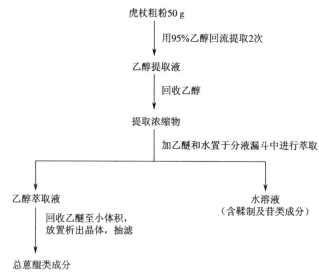

图 8.7.1　虎杖中蒽醌类成分的提取和分离流程

2. 虎杖乙醇总提取物的制备

取虎杖粗粉 50 g,用 95% 乙醇回流提取 2 次;滤过,合并 2 次的提取液,减压浓缩回收乙醇至糖浆状;移入蒸发皿,水浴浓缩至无醇味,得糖浆状物,即虎杖乙醇总提取物。

3. 总游离蒽醌的提取

将上述虎杖乙醇总提取物转移至锥形瓶,加热水 20 mL,溶解后放冷,加乙醚 80 mL,不断振摇后放置;将上层乙醚液倾入另一个 500 mL 分液漏斗中(切勿将水层倒出),虎杖乙醇总提取物再以乙醚同法抽提数次,合并乙醚液(注意将水层分离干净)。乙醚液中即为总游离蒽醌,残留物中含有水溶性成分。

4. 游离蒽醌的分离

(1)强酸性成分大黄酸的分离:将上述乙醚液移至分液漏斗中,用 5% 碳酸氢钠溶液(测定 pH 值)萃取数次;合并碳酸氢钠萃取液,在搅拌下慢慢滴加浓盐酸,然后以 6 mol/L 盐酸调节至 pH = 2,放置待沉淀析出;倾去部分上清液,抽滤得沉淀,水洗沉淀至中性,干燥,得深褐色粉末,为强酸性成分。

(2)中等酸性成分大黄素的分离:经碳酸氢钠萃取过的乙醚溶液再用 5% 碳酸钠溶液(测定 pH 值)萃取数次,直至碱水层萃取液色浅为止;合并碳酸钠萃取液,加浓盐酸调节至 pH = 2,放置待沉淀析出;倾去部分上清液,抽滤得沉淀,水洗沉淀至中性,干燥,用丙酮重结晶,称重,计算得率。

(3)弱酸性成分大黄酚和大黄素甲醚的分离:经碳酸钠萃取过的乙醚溶液再用 2% 氢

氧化钠溶液(测定 pH 值)萃取 3 次;合并氢氧化钠萃取液,加浓盐酸调节至 pH = 2,放置待沉淀析出;倾去部分上清液,抽滤得沉淀,水洗沉淀至中性,干燥,得粗品。

(4)中性成分甾醇类化合物的分离:经氢氧化钠萃取过的乙醚液,以水洗至中性,再用无水 Na_2SO_4 脱水,回收乙醚得残留物,即为 β-谷甾醇粗品。

5. 白藜芦醇葡萄糖苷的分离

取步骤 2 中乙醚提取过的糖浆状物,挥去乙醚,置于烧杯中,加水 100 mL,搅拌混合后,直火加热,煮沸并搅拌约 20 min,滤渣再用同法提取 2 次;倾出上清液,放置 48 h 后过滤;向滤液中加活性炭 2 g,煮沸 15 min,趁热滤过,滤液移至蒸发皿中,水浴浓缩至 20~30 mL,转移至三角瓶中,冷却后加乙醚 10 mL,置于冰箱中析晶;用 30% 甲醇重结晶,并加少量活性炭脱色,如结晶色深,可再重结晶 1 至 2 次,得白色结晶。

6. 鉴定

1)薄层色谱鉴定

吸附剂:硅胶 G-CMC-Na 板,湿法铺板,在 105 ℃下活化 0.5 h。

对照品:大黄素、大黄酚。

样品:分离所得中等酸性部分、弱酸性部分。

展开剂:石油醚 - 甲酸乙酯 - 甲酸(15:7:1)上层溶液。

显色剂:用 5% 氢氧化钾醇溶液显色或氨熏显色。

2)大黄素、大黄酚定性反应

分别取大黄素、大黄酚少许用乙醇溶解,做如下实验。

邦特格(Bonträger)反应:取试液 1 mL,滴加 2% 氢氧化钠溶液,观察颜色变化。

乙酸镁反应:取试液 1 mL,滴加 0.5% 乙酸镁溶液 2 至 3 滴,观察颜色变化。

耦合反应:取试液 1 mL,滴加 0.5 mL 5% 碳酸钠溶液后,滴入新配制的重氮化试剂 1 至 2 滴,观察颜色变化。

埃默森(Emerson)反应:取试液 1 mL,滴加氨基安替比林溶液及铁氰化钾溶液,观察颜色变化。

3)白藜芦醇苷的显色反应

荧光反应:将试液滴在滤纸上,在荧光灯下观察颜色。

三氯化铁 - 铁氰化钾反应:将试液滴在滤纸上,喷上述试剂后观察颜色。

Molish 反应:取试液 1 mL,加等体积 10% 的 α-萘酚乙醇溶液,摇匀,沿试管壁滴加 2 至 3 滴浓硫酸,观察两液界面颜色的变化。

五、注意事项

(1)使用乙醚要注意安全,绝对禁止明火。

(2)中和碱液前,注意观察液体内是否有乙醚残留,如有应除尽。

六、思考题

（1）如何检识中药中是否存在蒽醌类化合物？

（2）比较大黄酸、大黄素、大黄酚、大黄素甲醚的极性和 R_f 值，并解释原因。

（3）展开剂中为何加少量的甲酸试剂？

第九章　创新开发实验

实验一　药物溶出度测定设计性实验

一、实验目的

（1）掌握药物溶出度测定方法的选择。

（2）了解溶出度测定实验的意义和判断方法。

（3）熟悉专业文献资料的查阅。

二、实验原理

溶出度测定实验是一种模拟口服固体制剂在胃肠道中崩解和溶出的体外实验方法，其在一定程度上反映了口服固体制剂的体内生物利用度。

影响溶出度测定实验结果的因素主要包括仪器因素和实验操作因素。实验操作因素主要有溶出介质、转速、过滤方法、取样位置、转篮干湿等。溶出介质常用水、0.1 mol/L 的盐酸、缓冲液、人工胃液和人工肠液，也可向溶出介质中加适量有机溶剂（乙醇、异丙醇等）、表面活性剂（十二烷基硫酸钠等）、酶等物质。溶出介质对溶出度测定实验结果的影响较大。

三、主要仪器与材料

溶出度测定仪，药品、溶剂等。

四、实验步骤

（1）根据实验目的查阅有关文献资料，写出简短的综述。

（2）对文献内容进行交流、讨论，结合实验条件确定几种分析方法，并确定实验内容。

（3）根据各自的任务进一步查阅有关文献资料，记录实验所需的内容，写出实验方案，包括实验用仪器和试药的配制方法。

（4）独立完成药物溶出度测定方法的设计（包括试剂的准备，仪器的调试与使用，数据分析），写出分析报告。

五、注意事项

（1）在设计实验前需充分了解药物的结构特征。

（2）注意方法的专属性和灵敏度。

六、药物溶出度测定示例

下面介绍对氯苯氧异丁酸甲氧基苯丙烯酸酯胶囊(AZ 胶囊)溶出度的测定。

查阅文献,根据药物的性质设计溶出度测定方法。取本品,照溶出度测定方法,依法操作,经 45 min,取溶液 5 mL,滤过,精密吸取续滤液 2 mL 置于 25 mL 的容量瓶中,用溶出介质稀释至刻度,摇匀,作为供试品溶液。照紫外－可见分光光度法,在 275 nm 下测定吸光度。另取 AZ 胶囊对照品,精密称定,加溶出介质溶解并定量稀释制成 1 mL 中约含 10 μg AZ 的溶液,同法测定。计算每粒的溶出量。

1. 溶出介质的选择

考察了在三种溶出介质中 AZ 胶囊的溶出情况。三种溶出介质分别为:①十二烷基硫酸钠(SDS)溶液;②水;③盐酸(9 → 1 000)。

采用桨法,转速为 75 r/min,溶出介质为 1 000 mL,在 5、10、20、30、45、60 min 时取样测定溶出度,溶出曲线如图 9.1.1 所示。

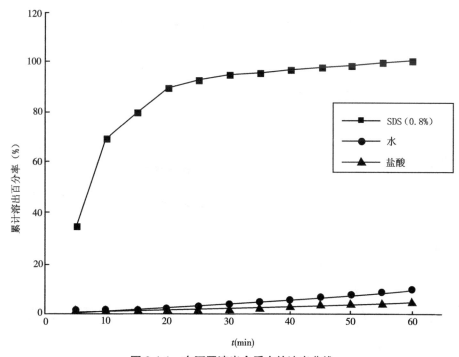

图 9.1.1　在不同溶出介质中的溶出曲线

由于 AZ 胶囊不溶于水,也不溶于盐酸,略溶于十二烷基硫酸钠溶液,故选择十二烷基硫酸钠溶液作为溶出介质。考察了三个浓度:0.2%、0.5%、0.8%。照溶出度测定方法取样测定溶出度,溶出曲线如图 9.1.2 所示。

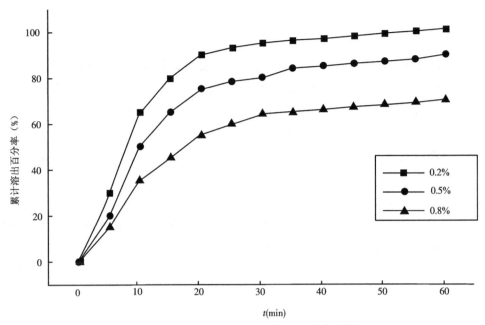

图 9.1.2　在不同浓度的 SDS 溶液中的溶出曲线

2. 转速的选择

以 0.8% 的 SDS 溶液为溶出介质,转速分别为 50、75 r/min,溶出体积为 1 000 mL,测定 AZ 胶囊的溶出度,溶出曲线如图 9.1.3 所示。由图中的结果可知,转速为 75 r/min 时溶出较快且偏差较小。

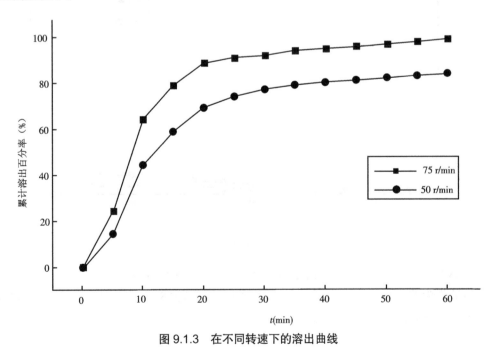

图 9.1.3　在不同转速下的溶出曲线

取本品,分别采用桨法和篮法照溶出度测定方法进行测定,结果如图 9.1.4 所示。

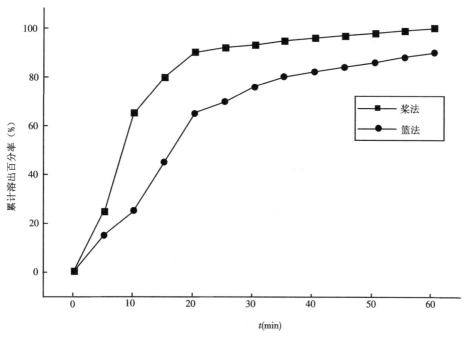

图 9.1.4　采用桨法与篮法时的溶出曲线

结果表明,采用桨法时溶出较均匀,且溶出较快。

3. 溶出度测定

取本品,照溶出度测定方法,以 1 000 mL 0.8% 的十二烷基硫酸钠溶液为溶出介质,转速为 75 r/min,依法操作,经 45 min,取溶液 5 mL,滤过,精密吸取续滤液 2 mL 置于 25 mL 的容量瓶中,用溶出介质稀释至刻度,摇匀,作为供试品溶液。照紫外－可见分光光度法,在 275 nm 下测定吸光度。另取 AZ 胶囊对照品,精密称定,加溶出介质溶解并定量稀释制成 1 mL 中约含 10 μg AZ 的溶液,同法测定。计算每粒的溶出量,限度为标示量的 75%,应符合规定。

4. 累计溶出度测定

取本品,照溶出度测定方法,于 5、10、20、30、45、60 min 时取样,取出 5 mL,同时补加 5 mL 空白溶出介质,滤过,取续滤液 2 mL 置于 25 mL 的容量瓶中,加 0.8% 的 SDS 溶液稀释至刻度,摇匀,作为供试品溶液。照紫外－可见分光光度法,在 275 nm 下测定吸光度。计算每粒的溶出量。

5. 溶出度均一性实验

溶出介质为 1 000 mL 0.8% 的 SDS 溶液,转速为 75 r/min,温度为 37 ℃,取同批的 6 粒胶囊同时溶出,于 5、10、20、30、45、60 min 时取样测定溶出度,绘制溶出曲线。

6. 三批样品累计溶出度的测定

按照溶出度测定方法,对三批样品进行溶出度测定,绘制溶出曲线。

7. 测定时间的确定

根据溶出曲线确定测定时间。

实验二　药物含量测定设计性实验

一、实验目的

（1）掌握典型药物含量测定的基本原理。

（2）根据典型药物的化学结构和查阅的文献选择适当的实验方法，进行药物含量测定。

（3）掌握常用药物含量测定的基本操作和药物含量的计算方法。

（4）能够根据实验目的查阅相关文献，并撰写综述。

（5）能够根据实验设计进行操作，得出实验结论。

（6）培养独立分析问题、解决问题的能力和实际动手能力。

二、实验药品

实验药品为异戊巴比妥片、对氨基水杨酸钠肠溶片、盐酸多巴胺注射液、盐酸氯丙嗪注射液、氢化可的松乳膏、维生素 C 片、头孢拉定胶囊。

异戊巴比妥　　　　对氨基水杨酸钠　　　　盐酸多巴胺　　　　盐酸异丙嗪

氢化可的松　　　　维生素 C　　　　头孢拉定

三、实验步骤

（1）在上述 7 个药物中任选一个，根据其化学结构、理化性质和查阅的相关文献选择适当的方法，设计合理的实验流程，对其进行含量测定。

（2）在实验前应写好实验设计报告，内容和格式可以参考其他含量测定实验。

（3）根据实验目的和实验内容，参考其他含量测定实验设计原始记录和检验报告。

（4）按照实验设计开展实验，测定药物含量，做好原始记录，计算药物含量，得出检验结论，写出检验报告。

（5）实验结束后，根据实验情况写一份实验总结。

四、注意事项

（1）在设计实验前应充分了解所选择药物的理化性质,选择最适当的方法测定其含量。查阅文献时,对该药物的各种相关分析方法均进行检索,例如不同剂型的分析方法、各种生物样品中的分析方法等。

（2）设计实验时应尽量选择最佳方法,以求简便、快速、低耗地得出正确、可靠的实验结果。

（3）实验设计报告中的主要仪器与材料主要指实验中要使用的器材、试剂、药品、对照品、标准品等;实验准备主要指实验中要使用的滴定液、缓冲液、溶液、试液、试纸、指示液等的配制;实验方法主要指实验的操作步骤和方法;注意事项主要指实验中应格外注意,操作不当易导致实验误差,严重时甚至会引起实验事故的问题。

五、思考题

除了最终选择的实验方法外,还有哪些方法可以选择? 为何在各种方法中选择该法测定药物含量? 其优越性何在?

实验三　药品质量标准制定

药品质量标准是国家对药品质量、规格和检验方法所作的技术规定,是药品生产、供应、使用、检验和药政管理部门共同遵循的法定依据,对保证药品质量,保障人们用药的安全、有效起着极其重要的作用。《中国药典》为我国的国家药品标准。药物分析工作者不但应正确使用药典与药品质量标准,还应具备制定药品质量标准的能力。

一、实验目的

（1）掌握查阅和整理文献资料、撰写文献综述的基本技能。
（2）熟悉药品质量标准的内容,掌握制定药品质量标准的基本技能。

二、实验内容

（1）选择具有代表性的药物及其制剂,如阿司匹林、苯巴比妥、维生素 C 等,制定其质量标准。

（2）根据所选药物和文献资料查阅结果,写出该药物的名称、性状、理化性质和鉴别、检查、测定含量的方法并给出实验原理。

（3）根据设计方案的内容,给出对该药物进行鉴别、检查、含量测定所需的试剂、试药、仪器和主要滴定剂、指示剂的配制方法等。

（4）根据设计方案的内容,给出对该药物进行鉴别、检查、含量测定的内容步骤。

（5）根据实验内容,对所选药物进行鉴别、检查、含量测定。

三、实验结果

（1）根据文献资料查阅结果，给出该药物的名称、分子式、结构式和有关物理常数等。

（2）给出该药物的鉴别、检查、含量测定结果。

（3）制定该药物的质量标准。

四、注意事项

（1）本实验的重点是文献资料的查阅和质量标准的起草，个别实验因条件不允许可不做。

（2）质量标准的起草要严格参照药典和有关指导原则进行。

实验四　剂型设计与处方筛选

在新制剂的研究与开发过程中，首先根据药物的理化性质和临床用药的要求对制剂进行设计。药物制剂的设计是新药研究和开发的起点，是决定药物的安全性、有效性、可控性、稳定性和顺应性的重要环节。药物制剂的设计贯穿于制剂研发的整个过程，主要包括以下几方面的内容：①对处方前工作，包括理化性质、药理学、药动学有一个较全面的认识；②根据药物的理化性质和治疗需要，结合各项临床前研究工作，确定给药的最佳途径，并综合各方面因素，选择合适的剂型；③根据所确定的剂型的特点，选择适合该剂型的辅料或添加剂，通过各种测定方法考察制剂的各项指标，采用实验设计优化法对处方和制备工艺进行优选。

一、实验目的

（1）掌握文献资料查阅方法。

（2）了解药物的性质与剂型设计的关系。

（3）了解不同剂型选择辅料的原则和如何确定辅料的用量。

（4）通过对不同剂型、不同辅料和不同辅料用量进行考察，培养综合研究和实验能力。

二、实验原理

在给定的几种药物中选择一种药物，通过查阅文献资料，根据药物的理化性质、药理作用和临床应用选择合适的给药途径，设计制成口服溶液剂、口服乳剂、口服混悬剂、片剂、软膏剂、栓剂、注射剂等任意一种剂型，并从给定的辅料中选择适合所设计的剂型的辅料，根据文献资料和实验确定各种辅料的用量，制备出符合实际应用的剂型，并满足各剂型项下的质量要求。在实验设计后要列出所用试药（剂）的用量和所用的仪器。

三、实验材料

1. 可供选择的药物

盐酸小檗碱、芦丁、鱼肝油、双氯芬酸钾、布洛芬、青藤碱、氯霉素、呋喃西林、鸦胆子油、莪术油。

2. 可供选择的辅料

液体石蜡、盐酸、枸橼酸、枸橼酸钠、卡波姆、氢氧化钠、焦亚硫酸钠、凡士林、预胶化淀粉、乳糖、琼脂、蔗糖、羊毛脂、淀粉、阿拉伯胶、西黄蓍胶、微晶纤维素、石蜡、硬脂酸、羟丙甲纤维素、甘油、海藻酸钠、聚维酮、聚山梨酯 80、交联羧甲基纤维素钠、司盘 80、交联聚维酮、羧甲基纤维素钠、硅皂土、羧甲基淀粉钠、三乙醇胺、十二烷基硫酸钠、羟苯乙酯、低取代羟丙基纤维素、硬脂酸镁、滑石粉、聚乙二醇 2000、聚乙二醇 4000、聚乙二醇 400、微粉硅胶、单硬脂酸甘油酯、乙醇、甘油、甘油明胶、泊洛沙姆、聚氧乙烯(40)硬脂酸酯(S-40)、半合成脂肪酸酯、丙二醇、普朗尼克 F-68、亚硫酸钠、乙二胺四乙酸二钠、注射用水。

四、实验设计

1. 片剂设计

(1)压片方法:粉末直接压片、干法制粒压片、湿法制粒压片。

(2)填充剂的种类、用量。

(3)黏合剂的种类、用量。

(4)崩解剂的种类、用量、加入方法。

(5)润湿剂的种类、用量。

(6)其他辅料的种类、用量。

2. 软膏剂设计

(1)基质的种类、用量。

(2)乳化剂的种类、用量。

(3)不同基质对药物释放的影响。

(4)抑菌剂的种类、用量。

(5)其他附加剂的种类、用量。

3. 栓剂设计

(1)基质的种类、用量。

(2)不同基质对药物溶出速度的影响。

(3)促渗剂的种类、用量。

(4)表面活性剂的种类、用量。

(5)辅料的种类、用量。

4. 注射剂设计

(1)溶媒的种类、用量。

（2）增溶剂、助溶剂的种类、用量。

（3）pH 值调节剂的种类、用量、最适 pH 值。

（4）其他稳定剂的种类、用量。

5. 溶液剂设计

（1）溶媒的种类、用量。

（2）pH 值调节剂的种类、用量。

（3）增溶剂、助溶剂的种类、用量。

（4）其他稳定剂的种类、用量。

（5）矫味剂的种类、用量。

6. 混悬剂设计

（1）溶媒的种类、用量。

（2）pH 值调节剂的种类、用量。

（3）助悬剂的种类、用量。

（4）絮凝剂的种类、用量。

（5）矫味剂的种类、用量。

7. 乳剂设计

（1）溶媒的种类、用量。

（2）乳化剂的种类、用量。

（3）HLB 值的确定。

（4）矫味剂的种类、用量。

（5）其他辅料的种类、用量。

（6）药物的加入方式。

8. 膜剂设计

（1）成膜材料的种类、用量。

（2）增塑剂的种类、用量。

（3）着色剂的种类、用量。

（4）其他附加剂的种类、用量。

（5）药物的加入方式。

9. 滴丸剂设计

（1）基质的种类、用量。

（2）滴制管径的大小。

（3）冷凝液的种类、用量。

（4）其他附加剂的种类、用量。

10. 脂质体设计

（1）脂质膜材的种类、用量。

（2）稳定剂的种类、用量。

（3）基质的种类、用量。

（4）其他附加剂的种类、用量。

（5）药物的加入方式。

11. 包衣设计

（1）成膜材料的种类、用量。

（2）增塑剂的种类、用量。

（3）抗黏着剂的种类、用量。

（4）着色剂的种类、用量。

（5）其他附加剂的种类、用量。

12. 滴眼剂设计

（1）溶剂的种类、用量。

（2）增溶剂、助溶剂的种类、用量。

（3）pH值调节剂的种类、用量。

（4）抗氧剂、金属离子络合剂的种类、用量。

（5）缓冲剂的种类、用量。

（6）抑菌剂的种类、用量。

（7）其他附加剂的种类、用量。

13. 贴剂设计

（1）基质的种类、用量。

（2）药物的加入方式。

（3）其他附加剂的种类、用量。

14. 凝胶剂设计

（1）基质的种类、用量。

（2）不同基质对药物释放的影响。

（3）抑菌剂的种类、用量。

（4）其他附加剂的种类、用量。

15. 微囊设计

（1）囊材的种类、用量。

（2）囊心物粒径的大小。

（3）囊材与囊心物的比例。

（4）固化剂的种类、用量。

（5）其他稳定剂的种类、用量。

16. 冻干粉针剂设计

（1）溶剂的种类、用量。

（2）增溶剂、助溶剂的种类、用量。

（3）pH值调节剂的种类、用量。

（4）其他附加剂的种类、用量。

17. 微球设计

（1）骨架材料的种类、用量。

（2）乳化剂的种类、用量。

（3）交联剂的种类、用量。

（4）其他附加剂的种类、用量。

五、实验结果

在实验报告中写出剂型选择、剂量选择、辅料选择的依据,处方筛选的详细过程,并写出完整的处方、制备工艺、工艺流程（以流程图表示）。通过质量检查判断本实验制备的剂型是否符合各剂型项下的规定。各剂型的检查项目如下。

1. 片剂

外观性状、片重差异、硬度、脆碎度、崩解度、溶出度或释放度、药物含量均匀度。

2. 软膏剂

主药含量、熔程、黏度和流变性、刺激性、释放度、耐热性和耐寒性。

3. 栓剂

外观性状、重量差异、融变时限、药物含量、药物溶出和吸收速度、稳定性和刺激性。

4. 注射剂

药物含量、澄明度、热原、无菌检查、稳定性、pH 值、渗透压、降压物质、异常毒性、刺激性、过敏实验和抽针实验。

5. 溶液剂

规格、外观、药物含量、澄明度、稳定性、pH 值。

6. 混悬剂

规格、外观、药物含量、微粒大小、沉降容积比、稳定性、絮凝度、重新分散实验、pH 值、ζ电位、流变性。

7. 乳剂

规格、外观、药物含量、稳定性、pH 值、粒径大小。

8. 膜剂

外观、定性检查、药物含量、含量差异限度、重量差异、微生物限度。

9. 滴丸剂

规格、外观、药物含量、重量差异、溶散时限、药物含量均匀度。

10. 脂质体

药物含量、形态、粒度、包封率、渗漏率、磷脂的氧化程度、有机溶剂残留量。

11. 包衣

外观、包衣增重、溶散时限、耐酸度。

12. 滴眼剂

规格、外观、药物含量、澄明度、稳定性、pH 值、张力、黏度、渗透压。

13. 贴剂

规格、外观、药物含量、重量差异、微生物限度。

14. 凝胶剂

规格、外观、药物含量、释放度、稠度、耐热性和耐寒性。

15. 微囊

规格、外观、药物含量、重量差异、形态、粒径、载药量和包封率、释放速率、有机溶剂残留量。

16. 冻干粉针剂

规格、外观、药物含量、澄明度、稳定性、pH 值、渗透压、热原、再分散性、溶液的颜色。

17. 微球

规格、外观、药物含量、重量差异、形态、粒径、载药量和包封率、释放速率、有机溶剂残留量。

注:测定含量可选择滴定法、气相色谱法、紫外-可见分光光度法、高效液相色谱法。

六、思考题

（1）选择剂型的依据是什么?

（2）选择辅料的条件是什么?

（3）从本实验中得到了哪些启示?

（4）设计的实验有何创新点?

实验五 P506 多晶型的制备和熔点、压片性能的比较

一、实验目的

（1）采用加液研磨的方法制备 P506 晶型 Ⅱ。

（2）比较 P506 晶型 Ⅰ 和 Ⅱ 的熔点和压片性能。

二、实验原理

一种药物可以多种晶型状态存在,药物多晶型通常指药物分子在晶格中以不同的排列方式形成的不同固体形态。同一种药物的不同晶型由于分子的排列方式、构型或者构象不同,表现出不同的理化性质,从而影响药物的溶出、释放、稳定性、压片性等。对药物多晶型进行研究,可发现有利于发挥药物作用的优势晶型,同时根据晶型的特点确定制备工艺,有效保证生产的批间药物的等效性等。

P506 存在两种多晶型(Ⅰ型和Ⅱ型),其中Ⅰ型属于单斜晶系,压片性能较差,无法压制

成完整的药片；Ⅱ型属于正交晶系，压片性能较好，可以直接压制成完整的药片。

三、主要仪器与材料

1. 主要仪器

天平、研钵、熔点仪、压片机等。

2. 主要材料

P506（Ⅰ型）、乙醇等。

四、实验内容

1. 制备 P506 Ⅱ型

称取 P506（Ⅰ型）1 g，加入研钵中，滴加 10 滴乙醇后充分研磨 30 min，即得。

2. 测定 P506 Ⅰ型和Ⅱ型的熔点

略。

3. 将 P506 Ⅰ型和Ⅱ型直接压片

略。

五、注意事项

（1）研磨必须充分。

（2）在研磨过程中可适当滴加少量乙醇加速转晶。

六、思考题

（1）为何药物不同晶型的熔点不同？

（2）多晶型药物在药品质量控制方面应该如何考量？

实验六　高效液相色谱法测定药物含量的方法学研究

一、实验目的

（1）掌握高效液相色谱（HPLC）法测定药物含量的验证内容和要求。

（2）掌握 HPLC 法测定药物含量的原理。

（3）熟悉建立 HPLC 方法的基本思路。

（4）能够根据实验目的查阅相关文献。

（5）能够根据实验设计进行操作，得出实验结论。

（6）培养独立分析问题、解决问题的能力和实际动手能力。

二、实验原理

药品质量标准的分析方法的使用对象和检验目的不同，需要验证的项目也不同。对分析方法进行评价不仅可验证采用的方法是否满足检验要求,也可为建立新的分析方法提供实验研究依据。方法学验证的内容包括准确度、精密度、专属性、检测限、定量限、线性、范围、耐用性、重复性、回收率。

醋酸地塞米松片主要用于过敏性与自身免疫性炎症性疾病,如结缔组织病、严重的支气管哮喘、皮炎等过敏性疾病、溃疡性结肠炎、急性白血病、恶性淋巴瘤等。此外,本药还用于某些肾上腺皮质疾病的诊断——地塞米松抑制实验。醋酸地塞米松片中主成分为醋酸地塞米松,附加成分有糖粉、淀粉、预胶化淀粉、微晶纤维素、硬脂酸镁、羧甲基淀粉钠、10% 的淀粉浆。

三、主要仪器与材料

1. 主要仪器

高效液相色谱仪、色谱柱、分析天平、容量瓶、量筒等。

2. 主要材料

色谱级甲醇、醋酸地塞米松片等。

四、实验内容

以醋酸地塞米松片作为研究对象,通过查阅文献建立合适的 HPLC 方法,设计实验,完成专属性、线性、范围、精密度、重复性和回收率等方法学验证,并用外标法计算其含量。

五、注意事项

(1)在设计实验前应充分了解药物的理化性质,查阅文献时对药物的各种相关分析方法均进行检索,例如不同剂型的分析方法、各种生物样品中的分析方法等。

(2)设计实验时应尽量选择最佳方法,以求简便、快速、低耗地得出正确、可靠的实验结果。

(3)实验设计报告中的主要仪器与材料主要指实验中要使用的器材、试剂、药品、对照品、标准品等;实验准备主要指实验中要使用的溶液、试液等的配制;实验方法主要指实验的操作步骤和方法;注意事项主要指实验中应格外注意,操作不当易导致实验误差,严重时甚至会引起实验事故的问题。

六、思考题

(1)内标法、外标法定量的原理、方法、特点分别是什么?

(2)对分析方法进行方法学验证的意义是什么?

实验七 高效液相色谱法测定尼莫地平分散片的含量

一、实验目的

（1）掌握高效液相色谱（HPLC）法的工作原理和操作方法。

（2）熟悉片剂质量分析的基本原则和方法。

（3）掌握 HPLC 外标法测定药物含量的计算方法。

（4）能够根据实验目的查阅相关文献。

（5）能够根据实验设计进行操作，得出实验结论。

（6）培养独立分析问题、解决问题的能力和实际动手能力。

二、实验原理

尼莫地平分散片用于由各种原因造成的蛛网膜下隙出血后脑血管痉挛和急性脑血管病恢复期的血液循环改善。尼莫地平分散片中主成分为尼莫地平，其化学名为（±）-4-（3-硝基苯基）-2，6-二甲基-1，4-二氢吡啶-3，5-二羧酸甲氧基乙基酯异丙酯，分子式为 $C_{21}H_{26}N_2O_7$，结构式为

三、实验内容

以尼莫地平分散片作为研究对象，通过查阅文献建立合适的 HPLC 方法，设计实验，完成其含量测定。

四、注意事项

（1）在设计实验前应充分了解药物的理化性质，查阅文献时对药物的各种相关分析方法均进行检索，例如不同剂型的分析方法、各种生物样品中的分析方法等。

（2）设计实验时应尽量选择最佳方法，以求简便、快速、低耗地得出正确、可靠的实验结果。

（3）实验设计报告中的主要仪器与材料主要指实验中要使用的器材、试剂、药品、对照

品、标准品等;实验准备主要指实验中要使用的溶液、试液等的配制;实验方法主要指实验的操作步骤和方法;注意事项主要指实验中应格外注意,操作不当易导致实验误差,严重时甚至会引起实验事故的问题。

五、思考题

内标法、外标法定量的原理、方法、特点分别是什么?

实验八　抗乙肝药物替诺福韦艾拉酚胺中间体的制备

替诺福韦艾拉酚胺(tenofovir alafenamide, TAF)是一种新型的核苷酸逆转录酶抑制剂,由吉利德公司研制,用于治疗慢性乙型肝炎病毒感染和代偿性肝病。

基于临床试验的表现,替诺福韦艾拉酚胺是乙肝治疗领域的一款重磅产品,被誉为"史上最强的乙型肝炎治疗药物"。

一、实验目的

本实验的目的是合成替诺福韦艾拉酚胺(左图)的关键中间体(右图)。

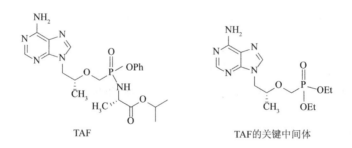

TAF　　　　　　　　　　　TAF的关键中间体

(1)了解亲核开环反应的原理。

(2)了解常见的离去基团,掌握亲核取代反应的原理。

(3)掌握重结晶和柱层析这两种常用的纯化方法。

二、实验原理

腺嘌呤 1 与 R- 碳酸丙烯酯 2 发生反式亲核开环反应,得到化合物 3,同时释放出一氧化碳:

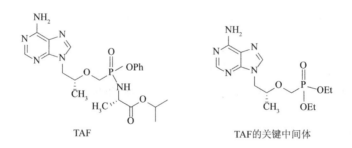

化合物 3 与化合物 4 发生亲核取代反应,得到替诺福韦艾拉酚胺的中间体 5:

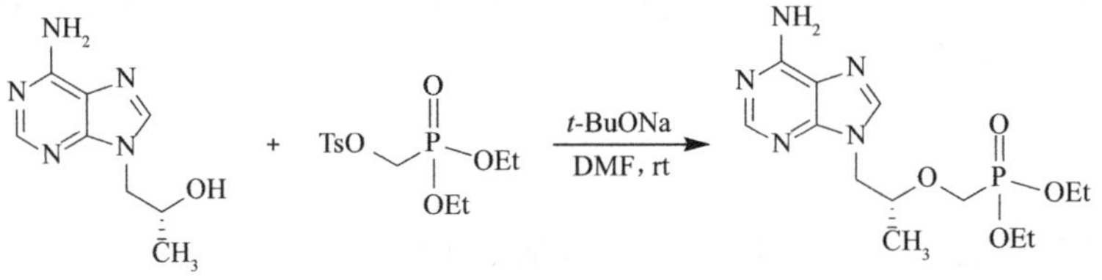

三、实验内容

1. 化合物 3[*R*-9-(2- 羟丙基)腺嘌呤] 的制备

将腺嘌呤(3.85 g,28.49 mmol、*R*- 碳酸丙烯酯(2.7 mL,31.34 mmol)和氢氧化钠粉末(60 mg,1.42 mmol)溶于无水 N, N- 二甲基甲酰胺(80 mL),在 140 ℃下加热并在氩气气氛中搅拌 16 h。冷却后过滤,以除去不溶性物质,滤液减压蒸发并与甲苯共蒸发 3 次。用乙酸乙酯洗涤残余物,过滤得到白色固体,该固体在乙醇中重结晶得到化合物 3。

2. 中间体 5{*R*-9-[2-(二乙基膦酰甲氧基)丙基] 腺嘌呤} 的制备

将化合物 3(1.44 g,7.44 mmol)溶解在无水二甲基甲酰胺(30 mL)中。在室温下往上述溶液中加入叔丁醇钠(1.25 g,7.44 mmol)。在氩气气氛中将溶液搅拌 1 h,然后加入磷酸二乙酯(2.40 g,7.44 mmol)的无水 N, N- 二甲基甲酰胺(10 mL)溶液。反应 64 h 后,过滤并减压浓缩。溶解在水中的残渣用氯仿萃取。有机提取物经硫酸镁干燥,过滤,减压浓缩。残渣采用硅胶快速色谱法梯度纯化,得到替诺福韦艾拉酚胺的中间体 5,性状为白色固体。

3. 结构确证

(1)核磁共振氢谱。

(2)测定旋光度,并与标准物质的值进行对照。

四、注意事项

(1)由于第一步反应的副产物是一氧化碳,需要保持反应体系敞口,以防止发生冲料。

(2)注意监测副产物的生成。

五、思考题

(1)如何测定化合物的光学纯度?

(2)化合物 3 的生成机理是什么?

实验九　治疗新冠肺炎药物瑞德西韦中间体的制备

瑞德西韦是一种 SARS-CoV-2 核苷酸类似物、RNA 聚合酶抑制剂,用于治疗 12 岁及以上,体重至少有 40 kg 的新冠肺炎患者。瑞德西韦的剂型为注射剂。

一、实验目的

本实验的目的是合成瑞德西韦（左图）的关键中间体（右图）。

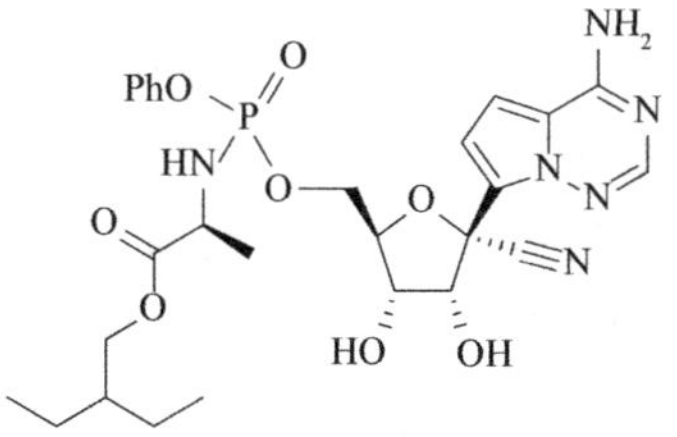

瑞德西韦 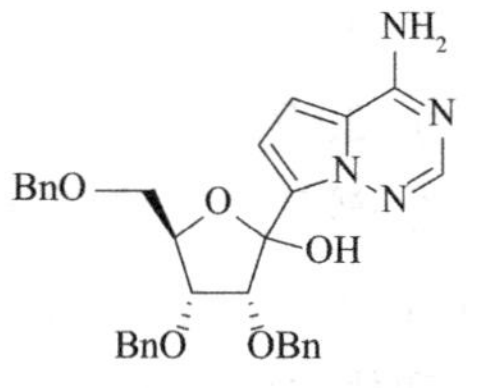　　　　　　　　　　瑞德西韦的关键中间体

（1）了解 C- 糖苷化反应的原理。
（2）掌握通过格氏交换反应制备格氏试剂。

二、实验原理

先用三甲基氯硅烷保护碘代的氨基吡咯三嗪 1 得到双硅基保护的中间体 2：

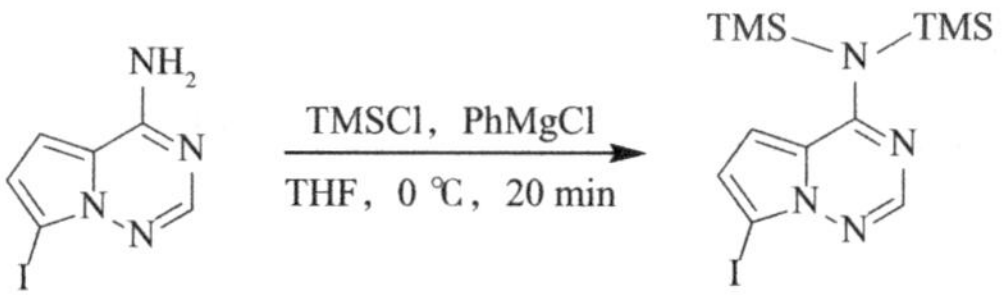

然后中间体 2 与糖内酯发生 C- 糖苷化反应，实现两个片段的对接，得到瑞德西韦的关键中间体 4，这是合成瑞德西韦的关键步骤之一。

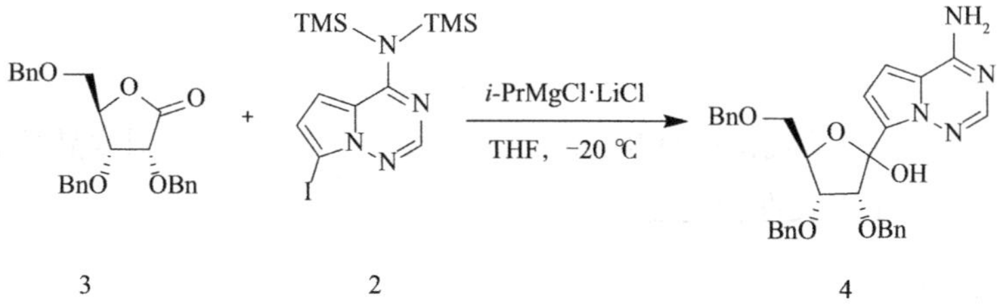

三、实验内容

1. 中间体 2 的制备

在氩气气氛中，将 7- 碘吡咯 [2,1-f][1,2,4] 三嗪 -4- 胺（6.21 g，23.9 mmol，1.00 当量）的溶液滴加到四氢呋喃（150 mL）中。加入 TMSCl（6.07 mL，23.9 mmol，2.00 当量），并将得到的溶液在室温下搅拌 10 min。待溶液冷却至约 0 ℃，缓慢加入 PhMgCl（2M 的四氢呋喃溶液，23.9 mL，47.8 mmol，2.00 当量）。将反应混合物搅拌约 20 min，得到双硅基保护的中间

体 2 的反应液,直接用于后续反应。

2. 中间体 4 的制备

保持上述反应液内部的反应温度低于 5 ℃,然后添加 *i*-PrMgCl(1M 的四氢呋喃溶液,25.1 mL,25.1 mmol,1.00 当量)。15 min 后,将反应混合物冷却至 –20 ℃,并缓慢加入 2,3,5- 三邻苯基 -1,4- 内酯的四氢呋喃(30 mL)溶液(10.0 g,23.9 mmol,1.00 当量),同时保持内部的反应温度约为 –20 ℃。1 h 后,将反应混合物温热至 0 ℃,然后用甲醇(20 mL)、乙酸(20 mL)和水(20 mL)淬灭。使所得的混合物温度恢复至室温,减压浓缩。将得到的浓缩物在乙酸乙酯(250 mL)和盐酸(1M,250 mL)之间萃取。分离有机层,然后用 10% 的碳酸氢钠溶液(250 mL)和盐水(250 mL)洗涤,用无水硫酸钠干燥,并减压浓缩。对粗残余物采用硅胶色谱法,用 0~10% 甲醇的乙酸乙酯溶液洗脱,得到灰白色的固体,即瑞德西韦的关键中间体 4 的立体异构体混合物。

3. 结构确证

(1)核磁共振氢谱。
(2)核磁共振碳谱。

四、注意事项

(1)由于格氏试剂可以与水、氧反应,所以反应一定要严格无水、无氧。
(2)第二步反应得到的瑞德西韦的关键中间体是两种非对映异构体的混合物。

五、思考题

(1)什么是非对映异构体?
(2)如何确定第二步反应中两种非对映异构体的比例?

实验十　含硼药物硼替佐米中间体的制备

硼替佐米(bortezomib)是以蛋白酶体为靶标的首创药物,也是第一个问世的含有机硼酸的药物。硼替佐米由千年制药(Millennium)开发,于 2003 年获美国食品药品监督管理局批准。硼替佐米可用于多发性骨髓瘤患者的治疗。

一、实验目的

本实验的目的是合成硼替佐米(左图)的关键中间体(右图)。

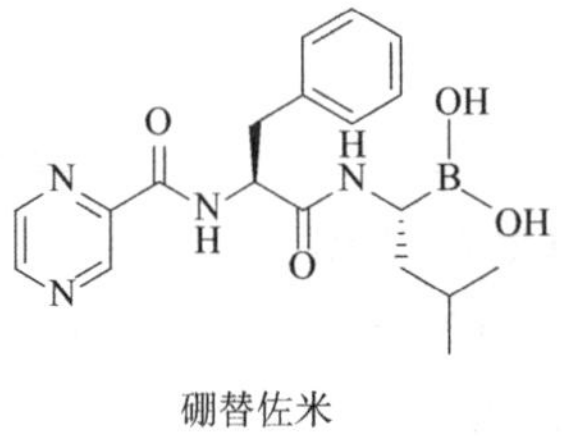

硼替佐米 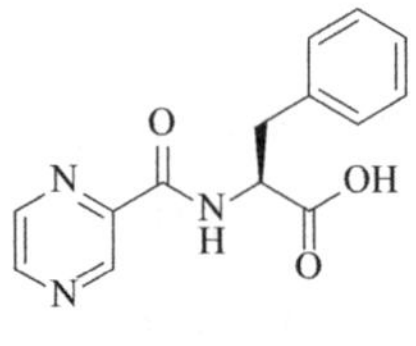　　　　　　　　　　硼替佐米的关键中间体

（1）了解碳酰二咪唑（CDI）活化羧基的原理。

（2）掌握羧酸与氨基缩合生成酰胺。

二、实验原理

先用N，O-双三甲硅基乙酰胺2保护*L*-苯丙氨酸1得到双硅基保护的*L*-苯丙氨酸3：

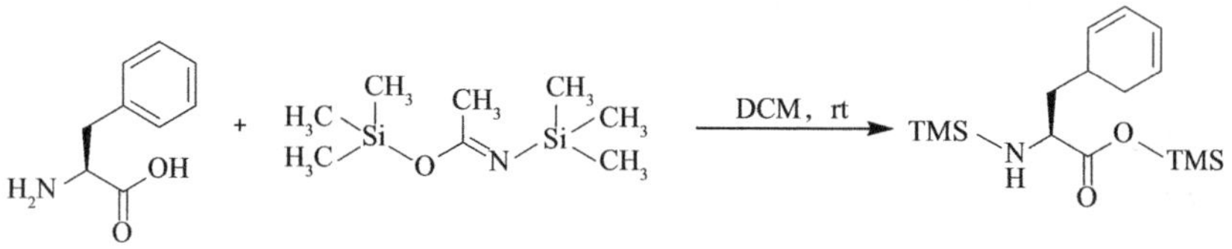

1　2　3

然后吡嗪甲酸4与碳酰二咪唑5反应得到CDI活化的吡嗪甲酸6：

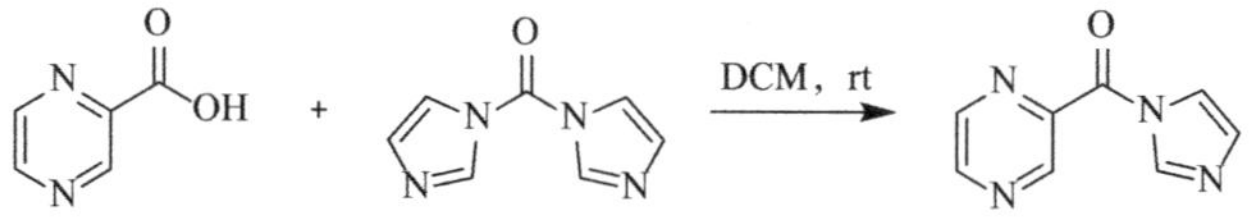

4　5　6

活化的吡嗪甲酸6与双硅基保护的*L*-苯丙氨酸3发生缩合反应，后经脱硅基保护得到硼替佐米的关键中间体：

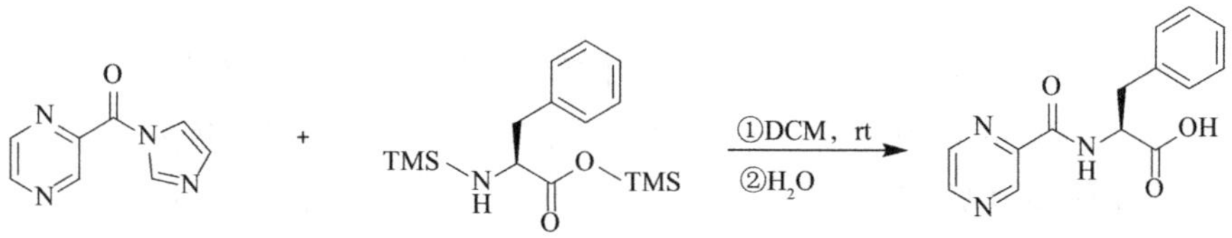

6　3　7

三、实验内容

1. 双硅基保护的*L*-苯丙氨酸3的制备

将N，O-双三甲硅基乙酰胺（50.7 g，250 nmol）加入*L*-苯丙氨酸（20.5 g，125 nmol）在二氯甲烷（200 mL）中的悬浮液中，并在室温下搅拌过夜，即制得双硅基保护的*L*-苯丙氨酸的溶液。

2. CDI活化的吡嗪甲酸6的制备

将吡嗪甲酸（24.0 g，194 nmol）加入溶剂二氯甲烷（400 mL）中形成悬浊液，充分搅拌后加入N，N-羰基二咪唑（26.5 g，250 nmol），将混合物在室温下搅拌过夜，即获得CDI活化的吡嗪甲酸的溶液。

3. 硼替佐米的关键中间体 7 的制备

将 CDI 活化的吡嗪甲酸冷却至 -40~-30 ℃,然后在 30 min 内滴加双硅基保护的 L-苯丙氨酸的溶液。温度会在 2 h 内升高到 20 ℃,在此温度下搅拌 17 h。待反应结束后旋干溶剂,用柠檬酸水溶液(60 g 柠檬酸一水合物溶于 400 mL 水中)和二氯甲烷(100 mL)萃取 3 次,合并有机相,并用乙醚(200 mL)稀释,用硫酸钠干燥。在 35 ℃下真空除去溶剂,得到硼替佐米的关键中间体 7,应为黄色粉末。

4. 结构确证

(1)核磁共振氢谱。

(2)核磁共振碳谱。

四、注意事项

(1)吡嗪甲酸与碳酰二咪唑反应会释放二氧化碳,所以反应容器一定要敞口。

(2)N,O-双三甲硅基乙酰胺容易吸潮,需要低温干燥保存。

五、思考题

(1)为什么吡嗪甲酸与碳酰二咪唑反应会释放二氧化碳?

(2)N,O-双三甲硅基乙酰胺作为保护基的机理是什么?

实验十一 抗纤维化药物吡非尼酮的制备

吡非尼酮(pirfenidone,PFD)是一种新型的广谱抗纤维化药物,能调节多种细胞因子,改变胶原的表达、合成和累积,并抑制细胞外基质的增殖和表达,具有抗炎、抗氧化、抗纤维化的作用。临床试验表明,PFD 具有广谱抗肺、心、肝、肾纤维化作用。日本劳动厚生省于 2008 年批准吡非尼酮片(200 mg)在日本上市。

一、实验目的

吡非尼酮的化学名为 5-甲基-1-苯基-2-(1H)吡啶酮,分子式为 $C_{12}H_{11}NO$,结构式为

(1)掌握芳香重氮盐反应的原理和操作过程。

(2)掌握乌尔曼偶联反应的原理。

二、实验原理

以 2-氨基-5-甲基吡啶为起始原料,重氮化水解得到 2-羟基-5-甲基吡啶,主要以吡啶

酮的形式存在：

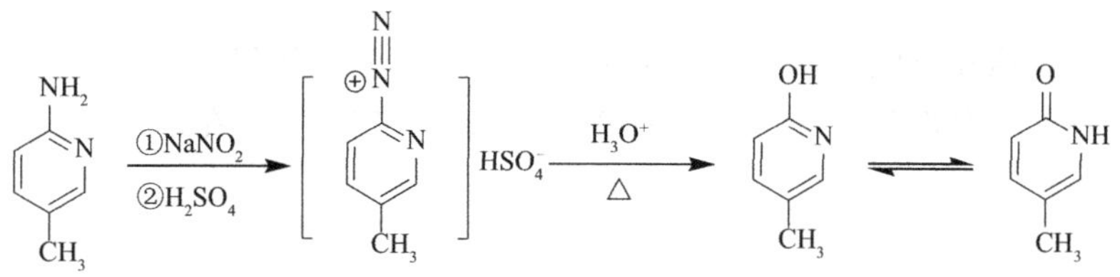

5-甲基吡啶酮与碘苯发生乌尔曼偶联反应得到吡非尼酮：

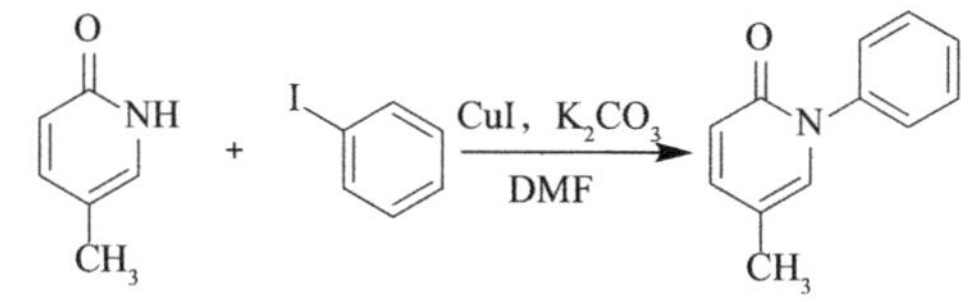

三、实验内容

1. 2-羟基-5-甲基吡啶的制备

将 2.5 g（23.0 mmol）2-氨基-5-甲基吡啶、8 mL 50% 的 H_2SO_4 加到 100 mL 的三口烧瓶中，温度控制在 0~5 ℃，逐滴滴加 2.0 g（58.0 mmol）$NaNO_2$ 水溶液（25 mL），滴毕在 0~5 ℃下搅拌反应 1.5 h，加热回流，反应至无气体生成，得到淡黄色的澄清液体。冷却至室温，缓慢加入无水 Na_2CO_3 调节 pH 值至中性，将溶液浓缩至干，回收溶剂，得到大量淡黄色固体，加入无水乙醇（25 mL×3），加热回流，用活性炭脱色，趁热过滤，将滤液浓缩至干，得到淡黄色固体，用乙酸乙酯重结晶，过滤，干燥。

2. 吡非尼酮的制备

将 2.5 g（22.9 mmol）2-羟基-5-甲基吡啶、6.48 g（41.05 mmol）碘苯、3.8 g（27.5 mmol）无水碳酸钾、0.215 g（1.15 mmol）CuI、15 mL N,N-二甲基甲酰胺加入 25 mL 的三口烧瓶中，搅拌混合，加热至 180 ℃，采用薄层色谱法监测反应进程，反应 6 h，冷却至室温、抽滤。向滤液中加入过量乙酸乙酯，用活性炭脱色，过滤，将滤液浓缩至干，得到棕黄色油状物。在室温下加入 20 mL 石油醚，搅拌固化后过滤，干燥，得到棕黄色粗品。

3. 吡非尼酮的精制

往上述棕黄色粗品中加入 10% 的乙酸，搅拌至溶解，过滤，向滤液中缓慢加入氢氧化钠溶液（10 g/100 mL），调节至 pH = 13，静置于冰箱中冷却析晶。过滤，将滤饼干燥，得到浅棕色固体。再用乙酸乙酯重结晶得到白色晶体。

4. 结构确证

（1）核磁共振氢谱。

（2）核磁共振碳谱。

四、注意事项

（1）第一步重氮化反应会释放氮气，所以反应容器一定要敞口。

（2）重氮化反应需要在低温下进行，所以反应温度一定要控制在 0~5 ℃。

五、思考题

（1）第一步重氮化反应为什么选择硫酸而不选择盐酸？

（2）第二步乌尔曼偶联反应中 CuI 的作用是什么？

参考文献

[1] 国家药典委员会. 中华人民共和国药典 [M]. 北京:中国医药科技出版社,2015.

[2] 宋航. 制药工程专业实验 [M]. 北京:化学工业出版社,2020.

[3] 李潇,洪海龙. 制药工程专业实验 [M]. 天津:天津大学出版社,2018.

[4] 刘立华. 制药工程专业实验 [M]. 北京:中国矿业大学出版社,2018.

[5] 常宏宏. 制药工程专业实验 [M]. 北京:化学工业出版社,2014.

[6] 冯卫生,吴锦忠. 天然药物化学实验 [M]. 北京:中国医药科技出版社,2018.

[7] 韩丽,史亚军. 药剂学实验 [M]. 北京:中国医药科技出版社,2018.

[8] 许军,严琳. 药物化学实验 [M]. 北京:中国医药科技出版社,2018.

[9] 彭红,吴虹. 药物分析实验 [M]. 北京:中国医药科技出版社,2018.

[10] 周志昆,苟占平. 药学实验指导 [M]. 北京:科学出版社,2016.

[11] 裴月湖. 天然药物化学实验指导 [M]. 北京:人民卫生出版社,2016.

[12] 杭太俊. 药物分析 [M]. 北京:人民卫生出版社,2016.

[13] 方亮. 药剂学 [M]. 北京:人民卫生出版社,2016.

[14] 裴月湖. 天然药物化学实验指导 [M]. 北京:人民卫生出版社,2016.

[15] 杨丽. 药剂学 [M]. 北京:人民卫生出版社,2014.

[16] 孙立新. 药物分析实验 [M]. 北京:中国医药科技出版社,2012.

[17] 刘玮炜. 药物合成反应实验 [M]. 北京:化学工业出版社,2012.

[18] 崔福德. 药剂学实验指导 [M]. 北京:人民卫生出版社,2011.

[19] 天津大学等. 制药工程专业实验指导 [M]. 北京:化学工业出版社,2005.

[20] 孙铁民. 药物化学实验 [M]. 北京:中国医药科技出版社,2008.

[21] 葛淑兰,张玉祥. 药物化学 [M]. 北京:人民卫生出版社,2009.

[22] 尤启冬. 药物化学 [M]. 北京:人民卫生出版社,2010.

[23] 尤启冬. 药物化学实验与指导 [M]. 北京:中国医药科技出版社,2000.

[24] 林丹,高红昌. 药学实验室安全教程 [M]. 北京:高等教育出版社,2014.

[25] 乔永锋,夏丽娟,高姝. 乙酰水杨酸合成方法改进 [J]. 云南民族大学学报(自然科学版),2008,17(3):244-245.

[26] 邓晶晶,李婷婷,尤思路. 苯妥英钠的合成路线的改进 [J]. 内蒙古中医药, 2008,(5):46-47.

[27] KARINE BARRAL, STÉPHANE PRIET, JOSÉPHINE SIRE, JOHAN NEYTS, et al. Syn-

thesis，in vitro antiviral evaluation，and stability studies of novel α-Borano-nucleotide analogues of 9-[2-(phosphonomethoxy)ethyl]adenine and （ R)-9-[2-(phosphonomethoxy) propyl]adenine[J]. J. Med. Chem.，2006，49(26)：7799-7806.

[28] ANDREY S IVANOV, ANNA A ZHALNINA，SERGEY V SHISHKOV. A convergent approach to synthesis of bortezomib：the use of TBTU suppresses racemization in the fragment condensation[J]. Tetrahedron，2009,(65)：7105-7108.

[29] 陈艳娇,张珩,王正雄,等. 孤儿药吡非尼酮的合成与晶型研究 [J]. 精细化工中间体，2020,50(4)：45-49.